中国腐蚀状况及控制战略研究丛书

"十三五"国家重点出版物出版规划项目

高强度钢浪花飞溅区氢渗透行为及其抑制

黄彦良　路东柱　曲文娟　等　编著

U0271696

科学出版社

北　京

内 容 简 介

本书总结了作者关于高强度钢在海洋浪花飞溅区腐蚀环境下腐蚀过程中的氢渗透行为、复层包覆防腐对氢渗透的抑制作用和对应力腐蚀开裂的保护作用方面的研究成果。全书共 7 章,分别介绍了海洋用钢及低合金高强度钢,浪花飞溅区中的腐蚀与防护,氢与金属的关系特别是氢渗透行为,腐蚀电化学研究方法及氢渗透行为测量,复层包覆技术对低合金高强度钢浪花飞溅区腐蚀的抑制,低合金高强度钢在浪花飞溅区的氢渗透特征,复层包覆对低合金高强度钢浪花飞溅区氢渗透行为的抑制作用。

本书内容翔实、数据丰富、可读性强,可以为滨海或海上码头、平台、桥梁等重大工程设施拟使用高强度钢的场合防腐蚀的设计、施工、管理和维护等提供重要参考。本书适用于有关高等院校、研究院所、工矿企业等同类研究参考,作为技术、施工及管理人员开展相关氢脆预防工作的指导用书也十分适用。

图书在版编目(CIP)数据

高强度钢浪花飞溅区氢渗透行为及其抑制/黄彦良等编著. —北京:科学出版社,2016.10

(中国腐蚀状况及控制战略研究丛书)

ISBN 978-7-03-050074-8

Ⅰ.①高… Ⅱ.①黄… Ⅲ.高强度钢–海水腐蚀–研究 Ⅳ.①TG172.5

中国版本图书馆 CIP 数据核字(2016)第 233915 号

责任编辑:李明楠 宁 倩/责任校对:王 瑞
责任印制:张 伟/封面设计:铭轩堂

科 学 出 版 社 出版
北京东黄城根北街 16 号
邮政编码:100717
http://www.sciencep.com

北京厚诚则铭印刷科技有限公司 印刷
科学出版社发行 各地新华书店经销

*

2016 年 10 月第 一 版 开本:720×1000 B5
2018 年 1 月第三次印刷 印张:11
字数:222 000

定价:78.00 元

(如有印装质量问题,我社负责调换)

丛 书 序

　　腐蚀是材料表面或界面之间发生化学、电化学或其他反应造成材料本身损坏或恶化的现象，从而导致材料的破坏和设施功能的失效，会引起工程设施的结构损伤，缩短使用寿命，还可能导致油气等危险品泄漏，引发灾难性事故，污染环境，对人民生命财产安全造成重大威胁。

　　由于材料，特别是金属材料的广泛应用，腐蚀问题几乎涉及各行各业。因而腐蚀防护关系到一个国家或地区的众多行业和部门，如基础设施工程、传统及新兴能源设备、交通运输工具、工业装备和给排水系统等。各类设施的腐蚀安全问题直接关系到国家经济的发展，是共性问题，是公益性问题。有学者提出，腐蚀像地震、火灾、污染一样危害严重。腐蚀防护的安全责任重于泰山！

　　我国在腐蚀防护领域的发展水平总体上仍落后于发达国家，它不仅表现在防腐蚀技术方面，更表现在防腐蚀意识和有关的法律法规方面。例如，对于很多国外的房屋，政府主管部门依法要求业主定期维护，最简单的方法就是在房屋表面进行刷漆防蚀处理。既可以由房屋拥有者，也可以由业主出资委托专业维护人员来进行防护工作。由于防护得当，许多使用上百年的房屋依然完好、美观。反观我国的现状，首先是人们的腐蚀防护意识淡薄，对腐蚀的危害认识不清，从设计到维护都缺乏对腐蚀安全问题的考虑；其次是国家和各地区缺乏与维护相关的法律与机制，缺少腐蚀防护方面的监督与投资。这些原因就导致了我国在腐蚀防护领域的发展总体上相对落后的局面。

　　中国工程院"我国腐蚀状况及控制战略研究"重大咨询项目工作的开展是当务之急，在我国经济快速发展的阶段显得尤为重要。借此机会，可以摸清我国腐蚀问题究竟造成了多少损失，我国的设计师、工程师和非专业人士对腐蚀防护了解多少，如何通过技术规程和相关法规来加强腐蚀防护意识。

　　项目组将提交完整的调查报告并公布科学的调查结果，提出切实可行的防腐蚀方案和措施，这将有效地促进我国在腐蚀防护领域的发展，不仅有利于提高人们的腐蚀防护意识，也有利于防腐技术的进步，并从国家层面上把腐蚀防护工作的地位提升到一个新的高度。另外，中国工程院是我国最高的工程咨询机构，没有直属的科研单位，因此可以比较超脱和客观地对我国的工程技术问题进行评估，把这样一个项目交给中国工程院，是值得国家和民众信任的。

　　这套丛书的出版发行，是该重大咨询项目的一个重点。据我所知，国内很多领域的知名专家学者都参与到丛书的写作与出版工作中，因此这套丛书可以说涉及了我国生产制造领域的各个方面,应该是针对我国腐蚀防护工作的一套非常全面的丛书。我相信它能够为各领域的防腐蚀工作者提供参考,用理论和实例指导我国的腐蚀防护工作,同时我也希望腐蚀防护专业的研究生甚至本科生都可以阅读这套丛书,这是开阔视野的好机会,因为丛书中提供的案例是在教科书上难以学到的。因此,这套丛书的出版是利国利民、利于我国可持续发展的大事情,我衷心希望它能得到业内人士的认可,并为我国的腐蚀防护工作取得长足发展贡献力量。

徐匡迪

2015 年 9 月

丛 书 前 言

众所周知，腐蚀问题是世界各国共同面临的问题。凡是使用材料的地方，都不同程度地存在腐蚀问题。腐蚀过程主要是金属的氧化溶解，一旦发生便不可逆转。据统计估算，全世界每 90 秒钟就有一吨钢铁变成铁锈。腐蚀悄无声息地进行着破坏，不仅会缩短构筑物的使用寿命，还会增加维修和维护的成本，造成停工损失，甚至会引起建筑物结构坍塌、有毒介质泄漏或火灾、爆炸等重大事故。

腐蚀引起的损失是巨大的，对人力、物力和自然资源都会造成不必要的浪费，不利于经济的可持续发展。震惊世界的"11·22"黄岛中石化输油管道爆炸事故造成损失 7.5 亿元人民币，但是把防腐蚀工作做好可能只需要 100 万元，同时避免灾难的发生。针对腐蚀问题的危害性和普遍性，世界上很多国家都对各自的腐蚀问题做过调查，结果显示，腐蚀问题所造成的经济损失是触目惊心的，腐蚀每年造成损失远远大于自然灾害和其他各类事故造成损失的总和。我国腐蚀防护技术的发展起步较晚，目前迫切需要进行全面的腐蚀调查研究，摸清我国的腐蚀状况，掌握材料的腐蚀数据和有关规律，提出有效的腐蚀防护策略和建议。随着我国经济社会的快速发展和"一带一路"战略的实施，国家将加大对基础设施、交通运输、能源、生产制造及水资源利用等领域的投入，这更需要我们充分及时地了解材料的腐蚀状况，保证重大设施的耐久性和安全性，避免事故的发生。

为此，中国工程院设立"我国腐蚀状况及控制战略研究"重大咨询项目，这是一件利国利民的大事。该项目的开展，有助于提高人们的腐蚀防护意识，为中央、地方政府及企业提供可行的意见和建议，为国家制定相关的政策、法规，为行业制定相关标准及规范提供科学依据，为我国腐蚀防护技术和产业发展提供技术支持和理论指导。

这套丛书包括了公路桥梁、港口码头、水利工程、建筑、能源、火电、船舶、轨道交通、汽车、海上平台及装备、海底管道等多个行业腐蚀防护领域专家学者的研究工作经验、成果以及实地考察的经典案例，是全面总结与记录目前我国各领域腐蚀防护技术水平和发展现状的宝贵资料。这套丛书的出版是该项目的一个重点，也是向腐蚀防护领域的从业者推广项目成果的最佳方式。我相信，这套丛书能够积极地影响和指导我国的腐蚀防护工作和未来的人才培养，促进腐蚀与防护科研成果的产业化，通过腐蚀防护技术的进步，推动我国在能源、交通、制造业等支柱产业上的长足发展。我也希望广大读者能够通过这套丛书，进一步关注我国腐蚀防护技术的发展，更好地了解和认识我国各个行业存在的腐蚀问题和防腐策略。

　　在此,非常感谢中国工程院的立项支持以及中国科学院海洋研究所等各课题承担单位在各个方面的协作,也衷心地感谢这套丛书的所有作者的辛勤工作以及科学出版社领导和相关工作人员的共同努力,这套丛书的顺利出版离不开每一位参与者的贡献与支持。

侯保荣

2015 年 9 月

序

21世纪是海洋的世纪，海洋资源以惊人的速度和规模被开发和利用，海洋产业高速发展，这就对各类海工设施的耐久性、稳定性和安全性提出了更高的要求，特别是深海资源的开发和利用。高强度钢在海洋环境下的应用将成为一种趋势。

海洋腐蚀无时无刻不在发生，严重破坏了蓝色经济赖以发展的海工设施。我国每年因海洋腐蚀造成的损失超过全国海洋产业GDP的3%。海洋腐蚀不但造成了资源的无谓消耗，而且高强度钢的使用还具有发生氢脆的潜在危险，严重阻碍了海洋产业的高速发展。有资料显示，若能将现代腐蚀防护技术应用到海工设施的防护中去，将可以减少25%～40%的经济损失，更重要的是可以减少灾难性腐蚀事故的发生。因此，研究海洋腐蚀破坏规律，评价战略性海洋新型防腐蚀技术对氢脆的防护效果，并将其应用到指导海工设施的防护中去，减少灾难性海洋腐蚀事故的发生，确保设施在服役期内的安全，对保障我国蓝色经济健康发展具有重大意义。

在发展蓝色经济的过程中，将不断兴建大量海洋工程基础设施，如港口码头、跨海大桥、海洋石油平台、栈桥等，钢铁材料仍将是最常用的材料之一。由于高强度钢具有节约材料、结构轻量化的优点，可减轻材料生产对环境的危害，将是一种新的发展方向。海洋腐蚀环境极为苛刻，特别是在浪花飞溅区，钢结构表面由于受到海水的周期性润湿，处于干湿交替状态，同时受氧供应充分、盐分高、温度差异大及受波浪冲击等因素作用，腐蚀速率是海水中的3～10倍，由此引起的向材料内部渗透的氢量也会加大，增加发生氢脆的危险，将严重影响钢结构的使用寿命和生产安全。

中国科学院海洋研究所自20世纪60年代开始，就一直开展海洋钢铁设施的腐蚀规律与控制技术研究，积累了海洋浪花飞溅区腐蚀规律和防护经验，近年来又开展了浪花飞溅区腐蚀过程中的氢渗透行为及抑制方面的研究工作，对于海洋浪花飞溅区的钢结构腐蚀过程中的氢渗透行为研究有独到之处，在浪花飞溅区包覆防护技术抑制氢脆方面取得了新的研究成果。

在中国工程院的支持下，中国科学院海洋研究所承担了"我国腐蚀状况及控制战略研究"若干课题。氢脆作为和腐蚀伴生的一种破坏，它的防护技术也是该战略研究的重要内容。《高强度钢浪花飞溅区氢渗透行为及其抑制》一书的出版将是"我国腐蚀状况及控制战略研究"项目的重要成果之一。

相信该书的出版，将会使人们对海洋浪花飞溅区腐蚀过程中氢渗透的危害性有一个新的认识，也将使人们看到海洋浪花飞溅区复层矿脂包覆技术不仅在减少高强度钢腐蚀方面有良好的效果，而且在降低氢脆敏感性方面也有潜在的应用前景。

侯保荣

2016 年 9 月

前　　言

从目前的研究情况来看，高强度钢有提高其应力腐蚀开裂抗力和氢脆抗力的潜力。随着材料研发工作的进行，高强度钢的性能将不断提高，其在整个海洋环境中的使用将成为可能，也将是一种趋势，有广阔的应用前景。这样不论从高强度钢的安全使用方面还是从腐蚀科学基础理论发展方面，都需要掌握高强度钢在海洋不同腐蚀区带包括浪花飞溅区的腐蚀规律和机制。

海洋浪花飞溅区是海洋腐蚀最严重的区域，该区域的严重腐蚀不仅会大大降低码头、桥梁等海洋钢结构设施的承载力，而且浪花飞溅区腐蚀过程中产生的氢也可能造成钢结构的氢脆，严重危及构筑物安全，甚至引发灾难事故。掌握钢结构在浪花飞溅区的氢渗透行为对于高强度钢的安全使用具有十分重要的意义。由于浪花飞溅区腐蚀的严重性，对于浪花飞溅区腐蚀防护技术的研究也相当活跃，如外覆金属钛铠甲、Zn 涂层、Al 涂层、Zn-Al 合金涂层、外覆弹性橡胶、聚乙烯、重防腐涂层、包覆防护技术等。其中包覆防护技术是在国家科技支撑计划"海洋工程结构浪花飞溅区腐蚀控制技术及应用"项目的支持下开发并得到工程验证的，防腐蚀效果明显。进一步研究表明，复层包覆防护技术大幅降低了氢向材料内部的渗透，明显降低了材料的氢脆敏感性。本书主要介绍了低合金高强度钢在浪花飞溅区腐蚀过程中的氢渗透行为，以及复层包覆防护技术对浪花飞溅区氢渗透的抑制作用和对氢脆敏感性的影响。

本书总结了浪花飞溅区腐蚀过程中氢渗透行为研究的最新成果，为我国腐蚀状况及控制战略研究提供了重要素材。全书内容共 7 章，第 1 章介绍海洋用钢及低合金高强度钢；第 2 章介绍海洋腐蚀环境、浪花飞溅区腐蚀机理、影响因素和防护技术；第 3 章介绍氢与金属的联系，主要是金属中的氢渗透行为；第 4 章介绍腐蚀电化学研究方法和氢渗透行为测定方法；第 5 章介绍包覆防护对低合金高强度钢腐蚀的抑制作用；第 6 章介绍低合金高强度钢在浪花飞溅区的氢渗透行为；第 7 章介绍复层包覆防护对低合金高强度钢在浪花飞溅区自然腐蚀条件下的氢渗透行为和应力腐蚀开裂的抑制作用。

本书的研究内容得到国家自然科学基金（No. 41276087）的资助，本书的出版得到"我国腐蚀状况及控制战略研究"项目的资助。

　　本书编委会成员在资料查阅、整理和成文过程中付出了辛勤劳动，在此表示衷心感谢。

　　由于作者水平有限，加之时间仓促，难免存在疏漏和不足，恳请广大读者批评指正！

黄彦良

2016 年 9 月

目　　录

丛书序

丛书前言

序

前言

第1章　海洋用钢发展概况 ································· 1
  1.1　海洋用钢 ····································· 1
  1.2　低合金高强度钢 ································· 2
    1.2.1　低合金高强度钢的性能 ····················· 4
    1.2.2　合金元素对性能的影响 ····················· 6
    1.2.3　国内外发展状况 ·························· 7
    1.2.4　成分设计与 AISI 4135 钢 ··················· 10
第2章　浪花飞溅区中的腐蚀 ····························· 12
  2.1　海洋腐蚀 ····································· 12
    2.1.1　海洋大气环境 ··························· 15
    2.1.2　海水环境 ····························· 17
    2.1.3　沉积物环境 ···························· 20
    2.1.4　海洋腐蚀防护技术 ························ 22
    2.1.5　海洋腐蚀的检测和监测 ····················· 23
  2.2　浪花飞溅区的腐蚀 ······························ 24
    2.2.1　浪花飞溅区的定义 ························ 25
    2.2.2　浪花飞溅区腐蚀机理 ······················ 25
    2.2.3　浪花飞溅区腐蚀影响因素 ···················· 28
    2.2.4　浪花飞溅区腐蚀防护技术 ···················· 32
    2.2.5　氢渗透抑制的重要性 ······················ 39
第3章　氢与金属 ··································· 41
  3.1　氢对金属的影响 ································· 41
    3.1.1　氢的来源 ····························· 41
    3.1.2　氢在金属表面的吸附、扩散和溶解 ················ 42
  3.2　氢脆现象及其研究方法 ···························· 49

3.2.1 氢对金属材料性能的影响···49
3.2.2 氢致开裂机理···51
3.2.3 氢脆的研究方法···54
3.2.4 氢脆的影响因素···59
3.2.5 氢脆的预防措施···61

第4章　腐蚀电化学研究方法与氢渗透行为测量·····························62
　4.1　腐蚀电化学研究方法···62
3.2.1 稳态测量···62
4.1.1 稳态测量···62
4.1.2 暂态测量···64
4.1.3 电化学阻抗谱（EIS）··69
4.1.4 电化学噪声···71
　4.2　氢渗透行为测量···72
4.2.1 氢渗透测量原理··73
4.2.2 氢渗透试样的设计···75
4.2.3 氢渗透的电解质溶液··75
4.2.4 氢渗透传感器··76
4.2.5 电化学氢传感器的传导介质··84
4.2.6 电极材料···88
4.2.7 氢渗透分析原理及其影响因素···89

第5章　AISI 4135 钢浪花飞溅区腐蚀及包覆防护技术对腐蚀的抑制作用·······95
　5.1　AISI 4135 钢在浪花飞溅区的润湿特征及规律·····························95
5.1.1 浪花飞溅区试样表面润湿程度测试装置··96
5.1.2 浪花飞溅区试样表面润湿状态的发展··97
5.1.3 浪花飞溅区试样表面润湿状态与腐蚀发展的相关性·································99
5.1.4 浪花飞溅区试样表面润湿状态与腐蚀速率的关系···································100
　5.2　不同热处理后 AISI 4135 的腐蚀行为··100
5.2.1 材料及研究方法···100
5.2.2 极化曲线测试结果···102
5.2.3 不同热处理后 AISI 4135 试样的 EIS 测试·······································102
5.2.4 热处理对 AISI 4135 钢腐蚀影响分析··104
　5.3　腐蚀产物分析···106
　5.4　复层矿脂包覆技术简介···108
5.4.1 复层包覆技术的优势···109
5.4.2 矿脂防蚀膏··111

　　　　5.4.3　矿脂防蚀带 ··112

　　　　5.4.4　防蚀保护罩 ··114

　　5.5　不同热处理后 AISI 4135 试样在不同包覆防护下的 EIS 测试 ············116

　　　　5.5.1　P1 保护条件下的 EIS 测试 ··116

　　　　5.5.2　P2 保护条件下的 EIS 测试 ··118

　　　　5.5.3　P3 保护条件下的 EIS 测试 ··120

第 6 章　AISI 4135 低合金高强度钢在浪花飞溅区的氢渗透行为研究 ············122

　　6.1　浪花飞溅区模拟装置及氢渗透电流测量方法 ··································· 122

　　　　6.1.1　浪花飞溅区模拟装置的设计 ··122

　　　　6.1.2　浪花飞溅区腐蚀条件下的氢渗透电流测量方法 ····································123

　　6.2　浪花飞溅区的氢渗透行为 ··· 124

第 7 章　包覆防护对 AISI 4135 钢氢渗透行为及应力腐蚀开裂的影响 ············130

　　7.1　包覆防护条件下的氢渗透行为 ·· 130

　　　　7.1.1　不同包覆防护条件下试样的制备 ···130

　　　　7.1.2　生锈试样在不同包覆防护条件下的氢渗透行为 ····································131

　　　　7.1.3　未生锈试样在不同包覆防护条件下的氢渗透行为 ·································136

　　7.2　包覆防护破损后的氢渗透行为 ·· 140

　　　　7.2.1　圆孔状破损状态对氢渗透电流的影响 ···140

　　　　7.2.2　裂缝状破损状态对氢渗透电流的影响 ···141

　　7.3　包覆防护对应力腐蚀开裂的抑制作用 ··· 143

参考文献 ··· 144

第1章 海洋用钢发展概况

1.1 海洋用钢

随着人类活动范围的扩大和经济水平的发展，海洋以其丰富的资源和广阔的空间，已经成为世界各国争相探索、研究、开发的目标。对海洋未知领域的探究和对海洋大宗资源的利用离不开相关装备设施的不断改进，而高强度钢就被广泛应用在这些装备设施中。随着时代的发展，现代海洋工业对于高强度钢的需求量不断增大，对于高强度钢的强度和其他综合性能也提出了更高的要求[1]。

海洋装备设施中的高强度钢处于恶劣的工作环境中，海洋环境空气湿度大、氯离子含量高，低纬度地区大气温度长期保持在较高水平，这些因素与浪花飞溅区的干湿交替行为、季节和昼夜温差变化等因素共同作用，使高强度钢处于严苛的腐蚀性环境中。

除此之外，海洋装备设施中使用的高强度钢还要承受风浪、洋流、海底地震、机械撞击等因素诱发的各种应力。部分海洋装备设施用高强度钢还具有尺寸厚度大的特点，这在给高强度钢工件的加工制造带来困难的同时，也易在工件内部特定位置残留一定程度的应力。高强度钢工件在工作过程中承受的巨大工作应力与外界因素、加工制造过程产生的各类应力共同作用，使其在海洋环境服役过程中承受较大的应力腐蚀开裂风险，这成为制约高强度钢在海洋环境中长期安全服役的关键因素之一。

按照功能分类，海洋工程装备可分为钻井类装备、生产类装备、开发船舶等[1, 2]。钻井类装备有移动式和固定式之分；海洋开发船舶包括钻井船、辅助开发用船等；生产类装备分为固定式与浮动式，随着海洋开发进程不断向深海发展，浮动式生产类装备逐渐增多。

为满足海洋工程装备轻量化的需求，研究人员尝试通过多种途径，推动低合金高强度钢不断向着高强度、高韧性、高耐蚀性的方向发展[3]。因其服役环境的特殊性，海洋工程用钢要在满足力学性能的同时，具有良好的抵御海洋腐蚀的能力。

传统耐候钢屈服强度一般低于 400MPa，微观组织为铁素体+珠光体。若要使传统耐候钢达到 690 级海洋工程用钢的需求，应继续提高其强度，主要方法是提高微观组织中珠光体的含量。珠光体含量增加后，虽然强度提高，但是钢材的低温韧性和焊接性能却同时恶化。且海洋环境中 NaCl 含量高，传统耐候钢表面无法形成具有耐蚀能力的保护膜[4]。具有回火马氏体组织的高强度钢，其屈服强度可大于 600MPa，这种钢含合金元素多、生产周期长、制备工艺复杂、成型加工和表面处理投入大，同样，在提高了强度的同时，韧性和焊接性能下降，综合性能有待提高。回火马氏体钢正在被高强度、高韧性的贝氏体钢所代替。

高强度钢的重要特征就是具有较高的强度，可以降低结构重量。然而，在强度不断提高的同时，应力腐蚀敏感性也在提高[5]。同时，提高强度的方法应更加科学化、多样化，在有效提高强度的同时，使高强度钢兼有良好的低温韧性、抗层状撕裂性和可加工性。

海洋工程用钢长期处于盐雾、潮湿、温度变化和海水冲击等海洋因素的影响之下，易在表面出现电化学腐蚀和生物污损。连续不断的腐蚀过程会降低构件的综合性能。同时，点蚀、局部腐蚀等特殊形式的腐蚀还会在一定的应力条件下形成裂纹源，它们与氢共同作用，还会导致应力腐蚀开裂。而海工构筑物离陆地距离遥远，且部分构件处于海水深处，维修、保养都相当困难，因而海洋用高强度钢应该具有良好的耐腐蚀性。

具备高强度、大厚度、低杂质、高耐蚀性、低温韧性、良好的加工适应性和抗层状撕裂能力等代表性特征的高强度海洋用钢已成为高强度钢发展的重要目标和方向[1]。

1.2　低合金高强度钢

低合金高强度钢是在普通钢基础上，添加总含量小于 5%的合金元素，从而改善钢材的一种或几种性能[6]。低合金高强度钢具有高强度，此外其韧性、焊接性、耐蚀性、可加工性等综合性能较好。

低合金高强度钢中添加不同的合金元素能够起到不同的作用，根据其作用效果，这些合金元素可分为如下几类：①晶粒细化元素，包括 Al、Nb、V、Ti、N 等；②固溶强化元素，包括 Mn、Si、Al、Cr、Ni、Mo、Cu 等；③沉淀硬化元素，包括 Nb、V、Ti 等；④相变强化元素，包括 Mn、Si、Mo 等。

低合金高强度钢中的主要合金元素有以下作用：

（1）C 是钢材中的主要元素之一，它在钢中的含量、存在形式、析出方式及含碳相的种类和分布对钢材的微观组织和宏观性能有重要影响。钢中形成的弥散碳化物可提高钢的强度，碳元素可根据需要适量添加。微合金钢中 0.01%～0.02%的 C 就能形成一定量的碳氮化物，可有效提高强度。C 含量的降低可使低合金钢的韧性和焊接性能有较大改善。

（2）Ni 能够置换 Fe 元素，在钢中常作为固溶强化元素，可在一定程度上提高钢的强度。在低合金高强度钢中，Ni 的加入量一般不大于 1.0%。Ni 还能够提高海洋用钢的耐海洋大气腐蚀性能，可与铜、磷共同作用提高潮湿海洋环境中高强度钢的耐蚀性。可加入含铜钢中，以减轻含铜钢热脆现象。

（3）Cu 在低合金高强度钢中的含量为 0.20%～1.50%，它能够改善钢材在大气环境中的耐蚀性。Cu 在铁素体中发挥强化作用，但与此同时，钢材的塑性会有所下降。

（4）Mn 在低合金高强度钢中的含量一般为 1%或更高。提高 Mn 和 C 的比值可以改善钢的强度和缺口韧性。Mn 能够降低奥氏体向铁素体转变的临界温度，增大碳氮化物在奥氏体中的溶解度。高 Mn 含量还可引起钢材应力/应变特性的变化。

（5）在炼钢过程中，Si 可作为脱氧剂和还原剂，它是钢材中常见的元素之一。在多数低合金高强度钢中不特意添加 Si，若钢中含 Si 量超过 0.50%～0.60%，Si 就可被算作合金元素之一。Si 能够有效提高钢的弹性极限，常被应用于弹簧钢中。Si 与钼、钨、铬等元素联合作用，可提高钢的耐蚀性和耐氧化性，用于制造耐热钢。低碳钢中加入 1%～4%的 Si，可有效改善磁导率。一般而言，随着 Si 含量的增加，钢材强度、高温抗疲劳性、耐热性及耐腐蚀性等都会有所提高，与此同时，塑性、冲击韧性和焊接性则有所下降。

（6）Cr 能够明显改善钢的耐腐蚀性，是不锈钢中的主要合金元素。当 Cr 含量达到 13%时，能使钢的耐腐蚀能力得到明显改善。将 Cr 加入结构钢和工具钢中，还能显著提高钢材的强度、硬度、耐磨性等指标，但塑性、韧性下降，此外，Cr 还能够提高钢的抗氧化性能和淬透性。

（7）Mo 能细化晶粒、提高钢的淬透性，使钢材在高温下保持足够的强度和抗蠕变能力。将 Mo 加入结构钢中，可提高其机械性能。钢中加入 Mo，可提高高温强度、硬度，细化晶粒，防止回火脆性。Mo 还能提高钢的抗氢腐蚀能力，影响钢的淬透性，降低韧性，对钢冷却过程中的珠光体转变有抑制作用。

（8）将 Nb、V 或 Ti 加入低碳钢中，不仅可使晶粒明显细化，还能起到沉淀硬化作用。Nb 可提高普通合金钢的抗大气腐蚀能力和高温条件下抗氢、氮、氨腐蚀的能力，并能改善钢的焊接性能。Nb 还可抑制奥氏体不锈钢中的晶间腐蚀现象。V 是优良的脱氧剂，可细化钢中的组织和晶粒，提高钢的强度和韧性。V 还可与碳形成碳化物，在高温高压条件下提高抗氢腐蚀能力。固溶体中的 V 可提高钢的淬透性。将 V 加入铬钢中，可在保持铬钢强度的情况下，改善钢的塑性。Ti 是强脱氧剂，它能使钢组织致密、晶粒细化，改善焊接性能，降低时效敏感性和冷脆性。Ti 在 1Cr18Ni9 奥氏体不锈钢中，可弱化晶间腐蚀。Ti 与 C 结合，可起到稳定碳的作用。

（9）稀土元素可改变钢中夹杂物的组成、形态、分布和性质，从而提高强度、韧性、脆性、耐磨性、耐蚀性、焊接性、加工性等多种性能。微量稀土元素能在不影响钢的强度的同时进行脱硫，有效控制硫化物形态，降低韧性各向异性，抑制钢的层状撕裂。

1.2.1　低合金高强度钢的性能

在实际应用中，低合金高强度钢不仅比碳素结构钢强度高、韧性好，而且还必须具有足够的塑性，良好的成型性能、焊接性能和较高的耐腐蚀性能。

1. 强度

低合金高强度钢的屈服点一般大于普通碳素结构钢，典型低合金高强度钢的最小屈服点为 345MPa，典型碳素结构钢的最小屈服点为 235MPa，屈服点的大小决定了钢材所能承受的极限应力。低合金高强度钢的最小屈服点约为普通碳素结构钢屈服点的 1.4～1.5 倍，因而低合金高强度钢代替普通碳素结构钢，可以减小结构件尺寸、减轻重量。在相同的尺寸下，低合金高强度钢能够提供更高的许用应力，使结构更耐久、更牢固。例如，采用低合金高强度钢制备的运输工具，可以减轻重量、节约能源消耗、降低运行成本。

通过向钢中添加少量 Nb、V、Ti 等合金元素，可以形成沉淀硬化，从而达到经济有效地强化金属的目的。有针对性地加入其他元素，还可以改善除强度之外的其他性能。

2. 成型性能

工程应用中，需要将低合金高强度钢制作成各种形状和功能的构件，这要求低合金高强度钢具有一定的成型性能，以便于热加工或冷加工的顺利进行。低合金高强度钢可与碳素结构钢一样进行各类加工，如剪切、冲孔和其他机加工等。低合金高强度钢屈服点高，形成塑性变形所需应力大，但可通过对冷弯冲压机、拉拔机、压力机等相关设备进行相应改造后，便像能够加工碳素结构钢的装备一样可用于低合金高强度钢的加工。

除了产生塑性变形所需外力大小具有差别外，相对于碳素结构钢，低合金高强度钢冷变形时，针对回弹现象需要给出更大的允许量。一般而言，在使低合金高强度钢进行冷变形时，使用的弯曲半径必须比碳素结构钢更大，除非已经对低合金高强度钢进行了夹杂物形状的处理。

3. 焊接性能

低合金高强度钢在焊接时，合金元素可被氧化成氧化物，易在焊缝处出现淬硬组织，使其脆性增大，容易出现焊接裂纹，降低焊缝质量。不锈钢的焊接过程中，Cr 元素容易与氧形成 Cr_2O_3 夹杂，降低焊缝质量，同时，Cr 元素的消耗还会对不锈钢的耐腐蚀性能产生影响。因而在焊接合金钢时，应尽量选择氩弧焊等保护性良好的焊接方式。焊接大型型钢及碳含量和锰含量较高的钢材时，需要对钢材进行预热，并可采用低氢焊条。

4. 耐腐蚀性能

低合金高强度钢的使用能够在保持钢结构力学性能的前提下，减小构件尺寸，降低整体结构重量。同时，尺寸越小，相同腐蚀程度可能造成的危险性越大，越应该预防和注意腐蚀问题，这使得低合金高强度钢的耐蚀性成为了科学研究和工程应用的重点关注问题之一。一般通过在钢结构表面涂覆防腐涂层的方式来防止钢结构的腐蚀行为。而部分低合金高强度钢本身具有良好的耐蚀性能，甚至可以使其在无防护涂层的条件下，长期在大气环境中暴露使用。而腐蚀问题不仅与金属基体相关，还与腐蚀介质和服役环境等因素有关。一种特定材料不会在各类腐蚀性环境中均拥有优越的耐腐蚀性能。低合金高强度钢中所含合金元素的组成和相对含量，能够对低合金高强度钢的耐蚀性产生显著影响。其中，Cu、P、Si、Cr、Ni、Mo 等合金元素可以提高低合金高强度钢的耐大气腐蚀性能。

在特定情形下，基于部分低合金高强度钢的耐腐蚀性，可以使低合金高强度钢构件在不涂覆任何涂层的裸露状态下服役。在大气中暴露时，裸露的钢表面在最初几个月形成一种紧密的保护性氧化膜，这层氧化膜具有一定的耐蚀性，可以满足建筑工程设计人员对于钢结构外观的需求，从而达到节省涂层、降低工程成本的目的。

虽然部分钢结构的裸露使用有其特定的优势，但在裸露使用之前，应该就钢结构的服役环境进行充分的调查，分析钢结构表面是否长期保持潮湿状态，或者空气中是否含有其他加速和强化腐蚀过程的成分，必要时还可采用试样进行暴露实验，以确定在该腐蚀环境下钢的腐蚀速率能够被控制在一定的范围内。

5. 缺口韧性

在正常使用状态下，低合金高强度钢应具有良好的缺口韧性，其缺口韧性可通过缺口试样的冲击实验结果及该材料的实际使用效果来综合评定。某些合金元素可以有效降低钢材的塑性-脆性转变温度，改善低合金高强度钢的缺口韧性。

1.2.2　合金元素对性能的影响

1. 合金元素对奥氏体化的影响

合金元素对低合金高强度钢的奥氏体化有重要影响。奥氏体化过程与钢中碳的扩散能力密切相关，除钴、镍之外的大多数元素都能够降低碳的扩散能力，强碳化物形成元素还可与碳化合形成特定碳化物，阻碍碳的扩散迁移，这些碳化物稳定性高、分解困难，强烈影响奥氏体的均匀化过程。因此，为了能够获得均匀的奥氏体，多数低合金高强度钢与合金钢需在常规钢材热处理工艺的基础上进一步提高加热温度、延长保温时间。由于部分合金元素，特别是强碳化物形成元素（钛、铌、钒等）所生成碳化物对奥氏体晶粒长大过程具有阻碍作用，低合金高强度钢与合金钢经热处理之后，其晶粒尺寸较相同碳含量的碳素钢更为细小。

2. 合金元素对强度的影响

低合金高强度钢中的合金元素容易置换铁素体、奥氏体等组织中的铁原子，从而形成固溶体。固溶原子周围易形成应力场，对位错的运动起到阻碍作用，使钢的强度、硬度有所提高，但其塑性和韧性可能下降。调节合金元素的种类和含量可以获得强度、韧性均较好的，具有优良综合性能的钢。

合金钢发生马氏体相变时，由于冷却速度快，碳依然保留固溶状态，碳的固溶强化作用是马氏体拥有高强度的原因之一。在低温回火过程中，碳虽然能够提高合金钢的强度，但过高的碳含量会对合金钢的其他性能产生不利影响，因此，碳含量不宜过高，应该保持在一定的成分范围内。

以马氏体合金钢为例，合金元素对于马氏体合金钢的强度主要有以下影响：①Cr、Ni、Mo、V、Mn、Nb、Si 等合金元素可提高钢的淬透性。淬透性的提高使马氏体的形成更加容易，保证了马氏体钢的高强度，其中 Mn、Cr、Mo、V 等元素提高钢的淬透性能力更强。②强碳化物形成元素 Mo、V、Nb、Ti 等具有细化晶粒的作用。碳化物、氮化物形成元素可以分别在金属中形成稳定的碳化物、氮化物，阻碍晶界的移动，抑制晶粒长大过程，促进组织细化，提高强度。③合金元素还可以提高钢的回火稳定性。部分合金元素可在合金钢回火过程中使碳化物更为细小、分布更为均匀，使淬火过程中得到的微细晶粒和高密度位错最大限度地得以保持，在这些合金元素中，Si 的作用比较明显，它能够抑制钢回火过程中渗碳体的析出，使碳原子保持在马氏体中的固溶强化作用。

3. 合金元素对钢材韧性的影响

钢材的韧性是衡量钢的服役性能的重要指标之一，它代表材料在塑性变形和断裂过程中吸收能量的能力。韧性越好，则发生脆性断裂的可能性越小。通过减少合金钢中 S、P、N、O、H 等有害元素的含量并抑制其在晶界的富集和偏聚的方式，可以在一定程度上改善钢的韧性。一方面，合金元素固溶在金属基体中，与位错交互作用，可以影响金属基体本身的塑性特征，从而使基体韧性得以提高；另一方面，它还可以影响金属的淬透性、相变等特性，改变显微组织和析出物的成分、形态、数量、分布情况，从而对金属的韧性起到间接影响作用。

4. 合金元素对氧化与腐蚀的影响

合金元素可以影响钢材的耐腐蚀性能。将某些合金元素加入钢材之后，可以在钢材表面形成一层致密的氧化膜，该氧化膜的形成能够阻止钢材的进一步腐蚀。例如，不锈钢就含有大量的 Cr，Cr 与 O_2 生成氧化物 Cr_2O_3，这层致密的氧化膜起到了提高钢材耐蚀性的作用。同时，添加 Si、Al 也能形成一层氧化物保护膜，从而起到防止腐蚀的作用，但 Si、Al 含量的增加会降低钢材的韧性，提高钢材的脆性，因此，合金元素的添加应该控制在合理的范围之内。此外，Cu、P 等合金元素对于提高低合金高强度钢在大气中的耐腐蚀性能也能起到一定作用。

1.2.3　国内外发展状况

低合金高强度钢的发展是一个逐渐演变改进的过程，这个过程的主要特征包括：由单一元素合金化向多元素合金化发展；强度和可焊接性的不断改进；断裂失效行为的控制。

1. 由单一元素合金化向多元素合金化发展

1895 年，俄国"鹰"级驱逐舰的建造曾采用含 0.40%～0.56% C 和 3.5% Ni 的钢，这种钢的加工性比初期的铬钢要好，屈服强度约为 355MPa。20 世纪初还用 8000 多吨含 Ni 的钢建造了跨度为 448m 的桥梁。此后开发了含 1.25% Si 的低合金高强度钢。俄国利用铁铜混生矿源，曾开发含 0.7%～1.1% Cu 的低合金高强度钢用于造船、建桥，这种钢导电性好、抗腐蚀性强。

经过长期生产和应用实践经验的积累，发现多元合金化的低合金高强度钢综合性能更佳，同时成本也更低廉。曾开发二元合金化的 Ni-Cr、Cr-Mn、Mn-V 低合金高强度钢和三元合金化的 Cr-Mn-V、Cr-Mn-Si、Mn-Cu-P 等低合金高强度钢。低合金高强度钢的应用范围也扩大到了锅炉、容器、建筑和铁塔等方面。20 世纪 20 年代全世界的低合金高强度钢产量达到 200 万吨。

2. 赋予低合金高强度钢低碳、可焊接等特征

焊接性良好是对低合金高强度钢的基本要求之一。为了减小焊接热影响区硬化和开裂及焊接接头延性恶化，低合金高强度钢的碳含量由 0.6%降到 0.4%，随后又降至 0.2%，至 20 世纪 60 年代末再降至 0.18%，提出了焊接碳当量这一可焊性判据。可以通过两种方法来提高低合金高强度钢的强度，一种方法是提高合金含量，另一种方法是进行热处理。现在仍有很多钢材通过提高合金含量和/或热处理的方式进行强化。

3. 注意到钢的冷脆转变倾向和时效敏感性

第二次世界大战期间大量轮船及锅炉等容器出现断裂失效现象，这与钢的冷脆转变倾向和时效敏感性有关。钢的冷脆转变倾向与钢的组织结构和 S、P 有害杂质含量有关，而钢的时效倾向是由钢中 N 所引起的，相关人员通过降低杂质含量、添加晶粒细化元素和控制终轧温度等工艺对低合金高强度钢的冷脆转变倾向和断裂敏感性进行优化。同时，为了保证钢结构的使用安全并延长其寿命，还开发了低温夏氏 V 型缺口冲击、温度梯度双重拉伸、零塑性转折落锤及 BDWTT 落锤撕裂等检测实验方法，并制定了相应的断裂韧性判据。

低合金高强度钢的开发应用促进了工业化国家经济的发展和社会的繁荣。在这个过程中，出现了种类繁多的低合金高强度钢的牌号和钢种，这些低合金高强度钢主要可分为以下几类：①C-Mn 钢系列，如德国的 St52、日本的 SM400、中国的 16Mn 都属于此类钢。②Mn-V-（Ti）钢系列，如美国的 Vanity 钢，为微合金化钢。③含 P-Cu 钢系列，如美国的 Corten 和 Mariner 钢，具有良好的耐大气和海水腐蚀性能。④Ni-Cr-Mo-V 钢系列，如美国开发的淬火回火状态 T-1 钢板已成功用于压力容器的制造。

在中国，20 世纪 50 年代一批冶金学专家成功研制了 16Mn 钢和 15Mn-Ti 钢，开启了我国对于低合金高强度钢的研究和利用进程，在此基础上制定了低合金高强度钢的第一个命名标准（YB 13-58）。低合金高强度钢相关标准的修改演进是该类型钢在我国发展过程的缩影。

中国低合金高强度钢发展历程可划分为 4 个阶段：

1）1957～1969 年

该阶段是低合金高强度钢开发的初创阶段。与普通碳钢相比，16Mn 低合金高强度钢具有高强度、高韧性、抗冲击、耐腐蚀等特性。它的开发适应了工业领域发展过程中对于产品大型化、轻量化的趋势和需求。以 16Mn 钢为材料建造的"东风"万吨轮，是节省资源能源和延长产品寿命的代表。

2）1970～1974 年

该阶段进行了钢种整合工作。及时总结了低合金高强度钢开发过程中的有益经验，根据收集的大量实验研究数据，合并淘汰了一批无法组织批量生产或性能达不到预定指标的钢号，完善了富有中国特色的低合金高强度钢体系。

3）1975～1983 年

我国低合金高强度钢在开发、生产和应用等各方面存在的问题很多，开发生产和市场需求不适应，合金资源优势未能有效转化为产品优势，产品质量明显低于国外同类同级产品的水平。

4）1984～2000 年

这是中国低合金高强度钢的转型期，通过不断地比较和学习，开始改变原有的传统观念，引进国外发展成熟的低合金高强度钢钢号，按国外先进标准生产低合金高强度钢，适应全球低合金高强度钢（微合金钢）的发展趋势。经过转型，在低合金高强度钢研究开发方面，中国缩小了与国外先进水平的差距。

20 世纪 70 年代以来，以控制轧制技术和微合金化的冶金学为基础，现代低合金高强度钢研究出现了微合金化钢的概念。进入 80 年代，借助于冶金工艺技术领域的研究进展，在诸多工业领域内针对相应专用材料的开发达到了新的高潮。在化学成分-制备工艺-组织结构-应用性能四位一体的材料研发体系中，突出了钢的组织和微观精细结构的主导地位，表明低合金高强度钢的基础研究已趋于成熟，出现了新的合金设计概念，主要包括以下几个方面：

（1）通过合理控制微量元素及其溶解析出行为调节低合金高强度钢性能。包括 Nb、V、Ti 及 Al 等在内的部分微合金化元素能够在低合金高强度钢中析出碳化物和氮化物等相。这些碳化物和氮化物的形成及其数量、尺寸、分布与冷却过程的形变温度和形变量相关，而加热过程中碳、氮化物的存在能够对低合金高强度钢回火过程中的二次硬化、正火过程中的晶粒重结晶细化及焊接热循环中晶粒尺寸变化等方面产生影响。重视开发含 Nb 微合金化钢及 Nb-V、Nb-Ti 复合微合金钢。研究和利用了微量元素 Ti（≤0.015%）的效用。微量 Ti 元素不仅能够改变钢中硫化物的形态，而且 TiO_2 或 Ti_2O_3 还能够成为奥氏体晶内铁素体晶粒生核的质点，Nb-Ti 复合微合金化还能够显著改善连铸过程中 Nb 钢的裂纹敏感性。

（2）更深入地研究加速冷却原理，推广分阶段加速冷却工艺的应用。前期加速冷却的主要目的是抑制铁素体转变，后期加速冷却的主要目的在于控制中、低温产物的晶粒尺寸和精细组织结构，从而达到在较宽范围内调整钢的强韧性组合的效果。

（3）结晶钢、控轧控冷等先进冶金工艺的应用。采用顶底复吹转炉冶炼钢水，钢的碳含量可控制在 0.02%～0.03%。通过精炼可以生产出碳含量在 0.002%～0.003%，杂质含量达到＜0.001% S、＜0.003% P、＜0.003% N，0.0002%～0.0003% O 和＜0.0001% H 的洁净钢。采用连铸技术在低合金高强度钢铸造过程中可以获得低的过热度、缓流浇注和适宜的二次冷却；采用低频率、高质量的电磁搅拌，可以得到均匀的、等轴的凝固区。在再结晶控轧的基础上，控制应变诱导相变和相的析出，薄板坯连铸连轧工艺的实际应用等新的制备工艺推动低合金高强度钢生产进入又一个新阶段。

1.2.4 成分设计与 AISI 4135 钢

低合金高强度钢具有较低的合金总量、较高的强度，此外，还应具有良好的焊接性能。低合金高强度钢以高强度为基础，因具体用途的不同可设计合金成分含量使其拥有不同的特性，这些特性包括抗时效性、抗冲击性、抗韧性撕裂能力、抗缺口敏感性、耐高温性等。

低合金高强度结构钢的设计，首先要考虑的是合金元素种类和数量对于钢的强度的影响。金属的强化机制主要包括固溶强化、析出强化、细晶强化、相变组织强化等，这些强化机制单独作用或组合作用，从而提高了金属的强度，可以制备出不同强度等级的低合金高强度钢及不同强度、韧性组合的强韧钢。

焊接性良好是对低合金高强度钢的另一需求。通过各种有效焊接措施，得到性能优良的焊缝和热影响区，使这些区域拥有与母材相当的力学性能和可加工性。方法之一是降低 C 含量和有害杂质 S、P 含量，选用适宜的合金元素，以使低合金高强度钢获得优良的焊接性能。

作者着重研究了低合金高强度钢 AISI 4135 在浪花飞溅区的腐蚀行为及氢渗透特征，以及采用复层包覆技术之后 AISI 4135 钢腐蚀和氢渗透特征的变化。

AISI 4135 低合金高强度钢具有良好的高温持久强度、蠕变强度、低温冲击韧性、静强度、淬透性，工作温度范围为-100～500℃，淬火变形小，无过热倾向，常在调制处理之后使用，也可以在淬火、表面淬火或回火之后使用[7]。低合金高强度钢可用于制造承受冲击、弯扭、高载荷的关键构件，这些构件包括但不限于汽车发动机主轴、车轴，大型电动机轴，轧钢机人字齿轮、曲轴、锤杆、连杆、紧固件，锅炉用螺栓和螺母，高压无缝厚壁的导管等[8]。

AISI 4135 钢是一种中碳低合金调制钢，一般被用来制造对综合力学性能和安全性要求均较高的结构件，AISI 4135 钢中合金元素主要有 C、Cr、Mo、Mn、Si 等[9]。

钢中含碳量增加，屈服强度和抗拉强度均升高，但塑性和冲击性降低，AISI 4135 钢的含碳量为 0.32%～0.40%，这些碳可以保证淬火之后碳原子能够起到有效的固溶强化作用，同时在回火后，部分析出碳化物能够起到有效的弥散强化作用，从而使 AISI 4135 钢具有足够的强度和韧性；Cr 的主要作用是提高钢的淬透性，且 Cr 能显著提高强度、硬度和耐磨性，但同时降低塑性和韧性，Cr 的碳化物在 910℃ 以上可以完全溶于奥氏体；Mo 能细化晶粒，提高淬透性，抑制第二类回火脆性，Mo 的碳化物比较稳定，细小均匀分布的碳化物能在钢材的热处理过程中起到有效的细化奥氏体晶粒作用，从而在提高材料强度的同时，使韧性得到改善，还能进一步提高钢的淬透性；Mn 在炼钢过程中是良好的脱氧剂和脱硫剂，一般钢中 Mn 含量为 0.30%～0.50%，在热处理过程中 Mn 还能够提高钢的淬透性，Mn 与钢中的 S 反应生成 MnS，降低了基体中的 S 含量，可以减轻热脆性，从而使钢的热加工性能得到改善，Mn 还能够扩大奥氏体相区；Si 在炼钢过程中可以起到还原剂和脱氧剂的作用，也能提高钢材的淬透性，强化铁素体。

AISI 4135 钢的相关常用热处理温度如下：A_{C1}=775℃，A_{C3}=800℃，A_{r1}=755℃，A_{r3}=750℃，熔点为 1403℃，始煅温度 1150℃，终煅温度 850℃。

一般情况下，可将 AISI 4135 钢加热至淬火温度 850℃，保温一段时间，然后迅速置于油介质中淬火冷却，继而进行回火，加热至回火温度 550℃，保温一段时间，迅速置于油中冷却至室温[10]。经过上述热处理工艺后，AISI 4135 钢的各项性能一般都能够达到技术要求，满足工件的使用需求。

第 2 章　浪花飞溅区中的腐蚀

海洋是蓝色的国土、生命的摇篮，大力开发海洋资源、发展蓝色经济，绿色和平地利用和保护海洋是国家的重要国策。海洋开发和海洋环境的腐蚀问题是同时存在的，与其他环境下的腐蚀相比，海洋环境的腐蚀尤为严重。因其是一种特定的极为复杂的腐蚀环境，而且海水是一种强的电解质溶液，溶解氧、温度、盐度、流速、海洋生物、pH 等环境因子都是影响海洋腐蚀的重要因素，海洋环境腐蚀性比陆地环境要高得多。所以，海洋环境对于各种结构材料来说都是一种极其严酷的腐蚀环境。海洋环境腐蚀所带来的损失是不可估量的，海洋腐蚀不仅会造成各种基础设施和构筑物的腐蚀损坏，缩短结构材料和构筑物的使用寿命，造成资源和能源的巨大浪费；而且会引起突发性的灾难事故，引起油气泄漏，污染海洋环境，甚至会造成无法挽回的人身伤亡。浪花飞溅区的腐蚀速率在海洋环境中的五个区带中是最高的，其腐蚀速率为 0.3～0.5mm/a[11-17]。浪花飞溅区因为受到干湿交替、阳光、海水飞沫、大气中的腐蚀成分和丰富的氧气交换等一系列的外部因素影响，同时还有材料本身的影响，使得腐蚀速率快且难以控制。

高强度钢因具有强度高、结构轻量化、节约资源等优点，被广泛应用在飞机、船舶、海洋工程结构材料和石油化工行业中。氢致开裂是高强度钢最常见的失效形式，不会发生塑性形变，也没有明显的征兆，其危害性极大。国内外的许多研究也表明高强度钢应力腐蚀开裂和氢脆敏感性较高[18-26]，而且强度越高的钢氢脆敏感性也越高[19, 27-30]。很低的氢含量就可引发氢脆，有一些材料遇百万分之几的氢就会导致氢脆[31, 32]。随着海洋石油的开发与利用，以及海上运输和观光业的蓬勃发展，建造了大量的船舶、石油平台、栈桥和码头。这些设施大部分都是由高强度钢材建造而成的，在海洋腐蚀环境中极易发生氢致开裂，所以研究高强度钢在浪花飞溅区的氢渗透行为不仅会为将来的应用提供理论基础，而且会对延长海洋钢铁设施的使用寿命，保证海上钢铁构造物的安全使用和正常运行及促进海洋经济的快速发展，具有极其重要的意义。

2.1　海　洋　腐　蚀

有关统计表明，腐蚀所造成的损失为国民经济生产总值的 3%～5%，全世界每年约有数千亿美元因腐蚀问题化为乌有，可见腐蚀过程所造成的危害很大。在日益增长的改善国民生活水平的愿望和经济长期稳定发展的压力下，人们期待除在陆地上已开发的资源以外，在海洋中发现、研究和利用新的能源、资源，以达到可持续健康发展的目标。现如今，各国都在完善涉海法律法规，制订相关海洋开发和发展战略，争取加快海洋开发的步伐。认识、研究和利用海洋，也是时代赋予我国涉海科研工作者的任务。

海洋资源的开发利用水平现已成为各国新一轮竞争的焦点，海洋科技是自主、有效、合理开发利用海洋资源的保证，因此，世界很多国家都非常重视海洋科技的发展。目前，海洋开发已成为 100 多个国家和地区的基本政策。例如，美国从 20 世纪 50 年代起，先后出台了一系列涉海战略规划，包括《全球海洋科学规划》、《90 年代海洋学：确定科技界与联邦政府新型伙伴关系》、《1995～2005 年海洋战略发展规划》、《21 世纪海洋蓝图》等，为其海洋科技的快速发展提供了强有力的政策支持，使美国在海洋科学基础研究和技术研发方面都显著领先于其他国家，为美国海洋资源的充分利用与世界海上强国的地位提供了根本支撑。此外，英国政府也公布了《海洋科技发展战略》报告，提出了发展海洋事业的战略目标，由于意义重大，海洋科技，特别是海洋高新技术，处于优先发展位置。

海洋不仅蕴藏着种类繁多、储量丰富的资源，能够为人类的发展提供广阔的空间，同时也是解决人口剧增、资源短缺、环境恶化三大难题的希望所在。我国海岸线绵长、岛屿众多，领海和管辖海域面积也十分辽阔，管辖海域内各类资源丰富，这为我国海洋事业的发展提供了十分广阔的空间。根据资源属性，可将海洋资源分为四大类：海洋生物资源、海洋矿产资源、海水化学资源及海洋能量资源。对于这些海洋资源的开发和利用，离不开海上基础设施的建设和完善。但由于海洋苛刻的腐蚀性环境，钢铁建构筑物等海上基础设施的腐蚀不可避免。作为传统工业材料，钢铁价格低廉、韧性大、强度高，在海洋环境中得到了大量使用，然而钢铁又极易发生腐蚀。随着海洋油气资源开发、海上运输和观光业的发展，人们已经建造了大量的石油平台、栈桥、码头和船舶等，这些设施大都是由高强度钢材建造而成，而高强度钢在海洋大气腐蚀环境中极易发生氢致开裂，这直接影响资源开发的顺行和人们生产生活的安全。因此，研究高强度钢在海洋腐蚀性环境中的氢渗透及氢致开裂行为对于延长海洋钢铁设施的使用寿命，保证海上钢铁建构筑物的正常运行和安全使用，促进海洋经济的发展，具有十分重要的意义。

腐蚀是材料因与外界环境发生交互作用产生的破坏形式之一[33]。海水中含有大量盐类，是天然的强电解质溶液。除有淡水稀释的河口区域或海港区域之外，通常，海洋中海水的含盐量变化不大，在 32‰～37.5‰ 范围内，而海水的 pH 为 8～8.2。海水中虽然还有大量的钠离子和氯离子，但海水并不是单纯的氯化钠溶液，它是复杂的、多种盐类并存的平衡体系。除了无机离子之外，海水中还有溶解气体、多类型生物、悬浮泥沙及各类有机物等。海水压力、洋流流动、浪花拍击等物理因素，微生物吸附、生长、代谢过程等生物因素，含氧量、氯离子含量、反应产物等化学因素都能够对海洋环境金属中的腐蚀过程产生重要影响，且这些因素之间通常还相互关联。腐蚀过程不仅与金属基体有关，还与具体的海洋环境及其随时间的变化有关。通常情况下，可以将海洋腐蚀性环境分为海洋大气区、浪花飞溅区、潮差区、海水全浸区和海底泥土区五个区域。其中，浪花飞溅区中金属的腐蚀最为严重，原因之一是该区域处于海水与空气的相界面，氧气供应充足，氧的去极化作用能够促进钢的腐蚀，此外，浪花的冲击作用会造成防护膜层的破坏，从而加速金属的腐蚀过程。

溶解氧含量是影响金属在海洋环境中腐蚀行为的主要化学因素之一。氧含量越高，常用非钝化性金属的腐蚀速率越大。主要原因是近中性的海水中，阴极氧的去极化作用是控制腐蚀速率的限制性因素，而海水的流动过程能源源不断地将氧输送到阴极，从而加速腐蚀过程的进行。此外，流速的冲击和洗刷作用对于腐蚀性环境和腐蚀产物的影响，也能够对金属腐蚀过程产生一定程度的影响。如果氧分布不均匀，出现氧浓差，就会构成氧浓差电池，氧含量较少的区域作为阳极，而氧含量较多的区域作为阴极，阳极区域出现较为严重的腐蚀。氧浓差电池可能会引发点蚀、缝隙腐蚀和坑道腐蚀等损坏状况，从而使金属面临更严重的失效损坏风险。但易钝化金属则情况不同，在氧含量高的情况下，易钝化金属表面会加速形成一层钝化膜，该钝化膜的形成使得腐蚀速率降低。

温度对腐蚀过程也有影响。温度的变化会改变海水中气体的溶解度及腐蚀物物理传输与化学反应速率，除此之外，温度的升高对海洋生物的繁殖与生长有所助益。海洋生物在金属表面的集聚、繁殖、生长与死亡过程将改变其所在表面的腐蚀环境，从而改变金属的腐蚀进程。

海洋中的生物主要包括海洋植物、海洋动物和细菌等，它们的分布情况因距海平面的远近而存在差异。在浅海附近，由于可以接受充分的阳光照射，能够顺利进行光合作用，海洋植物在此处大量集聚。随着深度的增加，在海平面下 20~30m 处，由于阳光无法穿透大量海水，植物光合作用困难，这里的海洋生物主要是海洋动物和细菌。在海底位置，环境中缺乏氧气，这不利于好氧生物的存活，这里主要是厌氧细菌，包括硫酸盐还原菌等，会诱发一系列腐蚀问题。

除上述因素以外，海底沉积物也是重要的腐蚀环境因素之一。海底沉积物也是多相非均匀体系，这一点与陆地土壤中的气、液、固三相非均匀体系类似，而海底沉积物的特征之一是它处于海水封闭性环境中，如被海水浸渍的土壤。

2.1.1　海洋大气环境

处于海平面以上且常年不接触海水的大气环境称为海洋大气腐蚀性环境。海洋大气腐蚀性环境与陆地大气腐蚀性环境不同，其主要特征之一是海洋大气环境中存在盐雾，这一因素加快了腐蚀。此外，海洋大气环境中置放的金属表面存在盐的沉积行为，而海盐的沉积又与风浪条件、相对海平面的高度、金属表面暴露时间的长短等因素有关。包括氯化钙和氯化镁在内的部分海盐粒子还具有吸湿性，使得金属表面能够形成液膜，这更易发生在温度较低且无阳光照射的夜晚及季节变化气温达到露点时。

降雨量也是影响海洋大气腐蚀速率的主要因素之一。雨水的冲刷效果会影响到金属表面已沉积盐层的厚度，或将该盐层冲净，从而降低了金属的腐蚀速率。除此之外，金属朝向太阳的表面和背对太阳的表面腐蚀状况也有差异，虽然背对太阳的金属表面无需承受阳光的直射，温度较低，但是其表面的灰尘、海盐粒子及其他污染物不能被及时清洗掉，表面更易保持湿润状态，因而金属材料背向太阳表面的腐蚀程度相对朝向太阳表面更为严重。

海洋大气中，在金属表面沉积的真菌和霉菌也能使金属表面保持润湿，从而使得金属更易被腐蚀。阳光照射能够促进部分金属表面的光敏腐蚀反应，并提高其表面聚集的真菌等生物的活性，因而可以加速腐蚀过程。热带地区，阳光的照射作用与珊瑚粉尘及海盐等腐蚀因素相叠加，使得金属极易被腐蚀。

此外，阳光的照射作用与海洋大气的温度相联系，热带海洋大气环境温度最高、温带次之、极地最低，因此热带海洋大气环境的腐蚀性最强、温带次之、极地最弱。

除上述因素之外，金属的腐蚀还受海区位置、工业大气等其他因素影响，各种不同因素相互作用，共同决定了金属的实际腐蚀过程。

距海岸近的海洋大气中含有大量的含盐粒子，尤其是在距离海岸 200m 以内区域中服役的金属材料受海洋大气腐蚀性环境的影响更为强烈。

1. 水分的影响

表面水分含量对大气腐蚀的影响比较大，它直接关系到金属的腐蚀机理，从而也决定了实际的腐蚀速率。

干燥的大气环境中金属材料的腐蚀程度非常轻微，而潮湿环境中金属的腐蚀速率则相对较大。例如,实验表明钢、铜、锌等金属材料在大气相对湿度低于 50%~70%时腐蚀程度很轻微。

当水在金属表面形成单分子膜层时，金属的腐蚀反应几乎是氧化反应，腐蚀速率很低。当水在金属表面形成厚度为数十甚至上百个水分子层的膜层时，发生电化学腐蚀，金属的腐蚀速率与水膜厚度相关，腐蚀较快。而一般的大气腐蚀都属于此类情况。当水在金属表面厚度继续增大，超过 1μm 时，腐蚀过程受到氧在水中扩散过程的控制，腐蚀速率下降，这与浸渍在水溶液中的金属腐蚀状况相似。

2. 尘埃的影响

悬浮于海洋大气中的尘埃沉降在金属表面之后，会对金属的腐蚀行为产生一定影响。这些大气中的尘埃，并非是单纯的固体颗粒，它们往往包含不同物理化学性质的物质，使得尘埃黏附于金属表面上不易脱落。此外，尘埃与金属之间及尘埃与尘埃颗粒之间往往存在着微小的孔隙，部分孔隙中存在的毛细作用可以使水分聚集，而聚集的水分中还含有各种盐类和其他有害物质。这些因素的共同作用使得海洋大气中尘埃附着后的金属表面更易被腐蚀。

3. 二氧化硫的影响

自然现象、工业生产及人类活动过程中产生的包括二氧化硫在内的多种有害气体，对金属的腐蚀行为也有较大的影响。在污染严重的地区，SO_2 的平均浓度可以达到 $0.01 \sim 0.1$ppm。锈层中的 $FeSO_4$ 结晶的数量随着 SO_2 浓度的变化而变动。一般认为，SO_2 和空气中的 O_2 化合生成 SO_3，继而溶于水后形成 SO_4^{2-}，从而促进了阳极溶解反应，另外，阴极反应在表面的水层中不断进行着，其反应如下式表示：

阳极反应：

$$Fe \longrightarrow Fe^{2+} + 2e^- \tag{2-1}$$

阴极反应：

$$H_2O + \frac{1}{2}O_2 + 2e^- \longrightarrow 2OH^- \tag{2-2}$$

Fe^{2+} 和 OH^- 相结合生成 $Fe(OH)_2$ 沉淀物，这是大气腐蚀的第一个阶段；$Fe(OH)_2$ 被氧化而生成各种氧化物，这是大气腐蚀的第二阶段，这些反应均是由于 SO_4^{2-} 的存在而发生的。

4. 盐粒的影响

含有 NaCl 等氯化物的盐粒对大气环境中金属的腐蚀有较大影响，而海岸带的海洋大气中富含这些盐类，它们的存在促进了腐蚀的发生。

含有 NaCl 等盐粒的腐蚀环境可以说是含 Cl⁻的腐蚀性环境，该环境中金属的腐蚀机理与前面提到的SO_4^{2-}环境中的腐蚀机理相类似。在大气腐蚀中，受到 Cl⁻的影响，生成了含水 β-FeOOH 氧化物；与 Cl⁻存在下生成 β-FeOOH 相似，在SO_4^{2-}环境下主要生成 α-FeOOH。通过 X 射线对腐蚀生成物进行分析可以推定腐蚀性环境。对于铁以外的其他金属，如铜，即使在同样的环境中其腐蚀生成物也可能是不同的。

2.1.2 海水环境

涉海工程装备的设计依据之一是海水中相应材料的均匀腐蚀数据。通过挂片实验可以获得某一海域被实验材料的海水均匀腐蚀数据。然而，单独挂片实验结果往往与实际情况有区别，例如，贯穿全浸区和潮差区的金属材料，金属材料的部分位置为阳极区，部分位置为阴极区，其腐蚀状况不能通过单独的挂片实验一概而论。这时，为了获取更为可靠的实验数据，需要以电连接或长尺方法进行实验。

海洋面积占地球表面积的十分之七，海域辽阔，而不同海域所处的自然环境、洋流状态等腐蚀因素也不相同，因而每一个海区都有其特有的腐蚀数据，不能将某一海区的均匀腐蚀数据任意迁移至其他海区。我国针对相关海区，尤其是石油开发所涉及的渤海石油开发区和南海西部石油开发区中的腐蚀状况进行了调查和研究，并且获得了渤海石油开发区和南海西部石油开发区的腐蚀图谱。然而，我国其他海区的腐蚀状况研究还有待继续开展。

相比均匀腐蚀，局部腐蚀出现更突然，检测的难度更大，所造成的危害和损失更大。局部腐蚀有应力腐蚀、腐蚀疲劳、孔蚀、缝隙腐蚀、电偶腐蚀等主要形式。

研究海水中材料的腐蚀状况主要有以下方法[34]。

1. 海水自然暴露实验

为可靠、真实地反映金属在海水中的腐蚀情况，常采用海水自然暴露实验。海水自然暴露实验是将试样浸泡在自然环境的海水中，使试样在自然环境因素的影响下发生腐蚀的一种实验方法。许多国家还建立了海水腐蚀实验站，通过实验站进行海水腐蚀数据的测量和积累，借以总结腐蚀规律，探讨腐蚀机制。

我国从 1958 年开始建立海水腐蚀实验站，开展材料海水腐蚀实验研究工作。1981 年国家科学技术委员会把"材料海水腐蚀数据积累及腐蚀与防护研究"列入基础研究重点项目，1983 年开始了全面系统的实验研究工作。现在已经建成了青岛站、舟山站、厦门站、榆林站等海水实验站，分别代表我国黄海、东海和南海不同海域典型港湾的环境因素特征。国内研究工作者在这些海水实验站开展了许多海水腐蚀与防护研究工作，取得了很大进展。

2. 室内模拟加速实验

虽然海水自然环境暴露实验能够真实地反映海洋环境对于材料的腐蚀作用，但它也有实验周期长等缺点，且实验结果粗糙、平行性差，难以对于腐蚀机制进行深入的研究，难以控制其他因素进行单因素对金属腐蚀影响规律的实验。室内加速实验是在实验室内通过有效措施加速金属的腐蚀过程，在较短的时间内获得金属材料的腐蚀数据，从而进一步评价耐蚀性，找寻有效可靠的防腐蚀方法。室内加速实验是常见的研究腐蚀状况的方法。

良好的海洋腐蚀室内模拟加速实验应具有较高的加速比，且实验材料的平均腐蚀速率与局部腐蚀速率顺序应与海水环境暴露实验相同、锈层组成一致、重现性良好。达到该要求相当困难，寻找合理模拟加速实验的方法已经成为工业发达国家重要的研究方向之一。

3. 海水腐蚀的电化学研究方法

1）电位-时间曲线法

自然腐蚀状态下金属电极在溶液中的电极电位称为自腐蚀电位 E_{corr}。通过对金属自腐蚀电位随时间变化情况的检测，可以了解金属的腐蚀状况。然而，通过这种方法只能定性地了解腐蚀情况，不能定量地得到包括腐蚀速率在内的结果。需要结合其他方法研究结果，对腐蚀过程进行综合分析。

2）线性极化法

1957 年，Stern 等提出了线性极化法的概念。线性极化法方法简单、测量快速，通过这种方法可以测量金属的瞬时腐蚀速率[35]。

虽然线性极化法能够快速测定金属的瞬时腐蚀速率，但在导电性差的介质中却不适宜使用这种方法。当金属表面形成了致密的氧化膜层或钝化膜层，或者堆积有腐蚀产物层时，会产生假电容，从而引起测量误差，甚至无法得出可信的结果[36]。

3）电化学阻抗谱

电化学阻抗谱是一种暂态电化学技术，属于交流信号测量的范畴，具有测量速度快、对研究对象表面状态干扰小等特点。交流阻抗法是用小幅度交流信号扰动电极，测量体系在稳态时对扰动的跟随情况，得到电极的电化学阻抗谱，进而计算电极的电化学参数。

4）电化学噪声

电化学噪声是指腐蚀着的电极表面所出现的一种电位或电流随机自发波动的现象，这种波动称为电化学噪声[37-38]。分析这些噪声谱不仅能给出腐蚀的过程，还可给出腐蚀的特点，如点蚀特征。自从 1960 年发现这个现象以来，电化学噪声技术作为一门新兴技术在腐蚀与防护研究领域得到了广泛应用。

4. 海水腐蚀的数学研究方法

由于海水腐蚀体系是一个多因素控制的复杂体系，通过建立数学模型能够根据有限的腐蚀数据对海水腐蚀的规律性作出整体评价[39]。

数学建模方法可以分成两种。一种称为实验法建模，即仅从腐蚀数据本身出发，用纯数学的方法建立腐蚀量与时间之间的数学模型，这种方法多用于海水自然环境暴露实验的数据处理。另一种是分析法建模，根据腐蚀机理和腐蚀数据，利用数学方法建立腐蚀特征参数和腐蚀时间的模型，这种方法多用于室内加速实验或电化学实验腐蚀的数据处理[40]。

海水腐蚀的数学方法研究传统上主要采用概率论和数理统计方法，现在，也开始采用模糊数学、灰色系统理论等多种数学方法。

1）概率论与数理统计的方法

材料在海洋环境中的腐蚀失重是时间的函数，暴露试片的腐蚀速率随时间的变化关系常用两种模型来描述：一是幂函数模型（$C=At^n$，式中，C 为平均腐蚀深度，mm/a；t 为暴露时间；A 和 n 为常数），这种模型在研究钢在海洋大气中的腐蚀规律时被普遍采用，许多研究表明这种方法能用于预测钢在海洋大气中的长期腐蚀的有效性和可靠性[41, 42]。二是线性函数模型［$C=C_1+R(t-1)$，$t \geq 1$，式中，C 为平均腐蚀深度，mm/a；t 为暴露时间，a；C_1 和 R 为常数］，这种模型在分析钢在全浸区长期暴露实验结果时，拟合结果和实验值吻合较好。

2）灰色系统理论

灰色理论是以系统分析、建模、预测、误差控制和评估为主要内容的数学体系。它的研究对象是一个信息不完全、关系不明确的主行为与因子构成的系统，即一个灰色关联的空间。灰色关联分析的基本任务是基于因子间的影响程度或因子序列的微观或宏观几何接近来分析和确定因子间的影响程度或因子对立行为的贡献程度。海水腐蚀系统是一个典型的灰色系统，可以用灰色理论加以研究。

3）模糊数学方法

由于海水腐蚀的复杂性与模糊性，可以将海洋腐蚀体系作为一个模糊系统进行研究，模糊数学方法在海水腐蚀中的应用主要包括模糊聚类方法、模糊模式识别、模糊综合评价和人工神经网络。

（1）模糊聚类方法。模糊分析是研究"物以类聚"的一种统计方法，是把单独的个体分成若干个母体，然后研究每类相关规律的方法。把每个指标（或样品）看成一类，然后聚类，每次缩小一类，直到所有指标归为一类为止，称为系统聚类法。

（2）模糊模式识别。模糊模式识别是指用计算机来实现各种事物或现象的分析、描述、判断和识别。其主要目的是建立诊断系统或实现未知样本的类别判别。

（3）模糊综合评价。模糊综合评价是一种基本原理为分析被评价对象，建立因素集与评价集，得到综合评价矩阵，最后通过适当的合成运算，得到模糊评价结果的评价方法。

（4）人工神经网络。人工神经网络是一种非线性、分布式存储、容错性大、规模平行处理、计算能力强且效率高的信息处理系统。由于具有上述优点，人工神经网络在海水腐蚀研究中的应用取得了良好效果。

2.1.3 沉积物环境

海底沉积物区别于海水的特点是海底沉积物是固、液两相组成的非均匀体系，而海水为液相均匀体系。

海底沉积物可随海水的运动而运动，当海底海水流动时，海流中的砂石还会对钢制建构筑物产生冲击和磨蚀，同时在水/土界面附近也会形成典型的氧浓差腐蚀电池，这些因素都会使海底建构筑物所用金属材料产生严重的均匀腐蚀或局部腐蚀问题。

1. 海底沉积物的腐蚀性研究方法

按照腐蚀研究的观点，海底沉积物可分为砂、泥和砂泥的混合体等三类。海底石油钻探和海底地质监测等越来越多的海洋工程需要将传感器、遥测技术和腐蚀电化学等方法结合起来，共同解决实际生产过程中遇到的问题。

移植埋片法和室内模拟实验方法是目前较为常用的海底沉积物腐蚀研究方法。移植埋片法是由调查船和海洋地质采样器取原始海底沉积物，再用腐蚀取样管将试样运回岸边，经装片处理后，再投放在取样海区，按需要进行实验检测。室内模拟实验方法是运用实验装置，模拟海土海水腐蚀性环境的实验方法。它和已建立的海洋腐蚀实验站及海上固定设施相结合，综合其他腐蚀科学研究方法，开展对近海海域海底沉积物的系统性研究工作。

2. 海底沉积物的腐蚀性评价

虽然针对土壤腐蚀的研究已发展了很多年，但当前对土壤的腐蚀性仍无统一的评价标准。主要原因在于对不同类型的土壤所取的腐蚀因子及各腐蚀因子在腐蚀过程中所起的作用没能统一。近来对海底沉积物的腐蚀性评价，借用土壤腐蚀的评价方法，把各腐蚀因子作用加和，这种方法称为加权法。英国绘制了北海油田的海底沉积物定性腐蚀图谱。但因所取的腐蚀因子数据大多数是通过破坏性的测试方法获得，如氧化还原电位、电阻率等电化学参数的测量，均未利用原位测试技术，加之对各腐蚀因子重要性的估计都是人为的，与原始状况有差距，故可靠性较差。

3. 材料在海底沉积物中的腐蚀行为

海底工程的建设需要使用大量工程材料，包括钢铁、有色金属、涂料和高分子工程等，因而研究材料在海底沉积物中的腐蚀行为是非常重要的，这关系到海底建构筑物的安全性和使用寿命。

在海底沉积物的腐蚀性环境中，氧的作用甚小，这是因为渗进海底沉积物中的海水难以与大洋水交换，氧供应不充足，无法形成一定厚度的氧化膜，所以，依赖于氧化膜形成钝态的金属材料在海底沉积物中是不耐腐蚀的。

钢铁在海底沉积物中的腐蚀速率通常比海水中小，但在厌氧菌活跃的海底沉积物中，其腐蚀速率可提高 10 倍左右。此外，由于海底沉积物的不均匀性，作为一个整体，海底金属结构物可产生多种多样的腐蚀电偶；涂料和高分子工程材料在海底沉积物环境中，在微生物作用下会产生分解、粉化等现象，造成有机材料的老化；海底起保护作用的阳极材料亦会因微生物的活动而失效。

基于腐蚀问题的重大影响和上述各因素的不确定性，一切海底工程材料的选用，必须进行海底沉积物的腐蚀实验。对材料在海底沉积物中腐蚀行为的研究不仅对工程选材是必要的，对新型耐蚀材料的设计研究也是相当关键的。

4. 海底沉积物的腐蚀机理研究

根据性质的差异，可以将海底沉积物的腐蚀因素大体上分为三类，即物理因素（海底流、海底沉积物的类型、电阻率、温度等），化学因素（Eh、pH、重金属离子的含量、有机物含量等）和生物因素（微生物的种类、含量等）。这些因素彼此关联，对材料相对影响大小因材料而异。通过腐蚀机理分析和腐蚀实验研究才能具体确定某种材料环境组合下各因素所发挥的具体作用，这也是准确、系统评价海底沉积物腐蚀性所必需的。

海底沉积物因其类型不同、深度不同、所处海域不同，对同一种材料的腐蚀影响也不同。整体来看，由于海水交换困难，海底沉积物常常处于缺氧状态，氧的去极化过程不是主要的。阴极发生的主要反应是什么，除了 H^+ 之外是否有其他粒子能够起到关键作用，厌氧细菌是如何对腐蚀过程产生影响的，阳极过程能否成为受控过程，何种合金元素能在腐蚀的阳极过程起到抑制作用等相关腐蚀问题的解答和研究，将有助于区域性海底沉积物定量腐蚀图谱的绘制，有助于海底沉积物中耐蚀材料的研发，有助于海底沉积物腐蚀学成套理论体系的建立。国外土壤腐蚀实验研究相当活跃，应用现代的电化学研究手段，如动电位扫描、交流阻抗、电化学噪声和计算机技术等，利用统计分析法探讨土壤中金属腐蚀的行为和规律，这些经验均可借鉴到海底沉积物的腐蚀研究中。

2.1.4　海洋腐蚀防护技术

腐蚀防护技术主要分为阴极保护和涂层保护两种。

1. 阴极保护

对近岸海洋钢铁设施的水下部分实施阴极保护，是防止其遭受腐蚀的有效方法之一。阴极保护是指给在海水中遭受腐蚀的金属通入足够的阴极电流，使得金属的电极电位变负，降低了金属本身原有的腐蚀微电池的阳极溶解速率，从而减缓金属腐蚀的一种电化学防腐蚀方法。

按照保护电流的来源不同，阴极保护又可分为牺牲阳极法及外加电流法两种。牺牲阳极法是将电位较负的金属（如锌、镁、铝及其合金等）与被保护体（如钢铁）连接起来，在海水中形成一个大的电池，依靠电位较负的金属溶解来提供所需要的保护电流。在保护过程中，这种电位较负的金属作为阳极逐渐被溶解掉，所以称为牺牲阳极保护。外加电流法是利用一个外部直流电源来提供保护所需要的电流，此时，被保护体作为阴极，为了使电流能够形成一个回路而要增加一个辅助阳极。

对于阴极保护来说，最重要的是保护参数的研究。保护参数不当将可能使保护过度引发氢脆或达不到预期的保护效果。

我国海岸线绵长，海域状况千差万别，各海域的保护参数也会有较大的差别。为确保各种钢铁设施在相应海区中防腐工程设计的合理性，需利用现场条件或在室内模拟外海的情况下进行在海水或海泥中的阴极保护参数实验。

2. 涂层保护

在海洋石油资源的开发利用过程中，人类建造了很多大型的海上构筑物。考虑到工程造价和材料的综合性能，碳钢和低合金钢因具有强度高、韧性大、价格低等优势被广泛应用在这些海上构筑物上。通常大型海洋工程结构的设计寿命少则 20～30 年，多则 40～50 年，而钢铁是耐蚀性较差的结构材料，它在海洋这种严酷的腐蚀环境中很难保证长期、稳定、安全地服役。

可以采用耐蚀性较强的金属或非金属来覆盖钢铁材料，将钢铁材料与海洋腐蚀性环境隔离开来，以达到防腐的目的，即采用金属表面耐蚀覆盖层延长钢铁构造物在海上的使用寿命。

根据材料性质不同，可将表面覆盖材料分为非金属覆盖层和金属覆盖层。非金属覆盖层又分为涂料和非金属衬里两类。涂料防护是指通过一定的涂装工艺将涂料涂刷在钢铁表面，经过固化而形成隔离性薄膜，以保护钢铁免遭腐蚀。非金属衬里防护是指在钢铁表面衬以橡胶、塑料、玻璃钢、耐酸磁板、辉绿岩板、玻璃板、石墨板等惰性板料以达到保护钢铁免受介质腐蚀的目的。金属覆盖层的制备方法有电镀、热喷涂、热浸镀、化学镀、扩散渗透、包覆等。根据覆盖层金属与基体金属之间的电位关系不同，可将金属覆盖层分为阳极覆盖层和阴极覆盖层两类。阳极覆盖层的电位比基体金属的电位高，在腐蚀介质中覆盖层为阳极，基体金属为阴极。如果金属覆盖层遭到破坏出现孔隙或裂纹，则覆盖层金属溶解而使基体得到阴极保护。例如，钢铁表面的锌镀层或铝镀层就是阳极覆盖层。阴极覆盖层的电位比基体金属的电位低。如果覆盖层出现孔隙或裂缝，则暴露出的基体金属与覆盖层金属形成小阳极大阴极的局部腐蚀电池，使基体金属遭受严重的点蚀或缝隙腐蚀。故阴极覆盖层必须在十分完整的情况下才能可靠地保护基体金属免受腐蚀。例如，钢铁材料上的锡、铜、镍、铬等镀层，就是阴极覆盖层。

目前用于海洋工程结构防腐的金属表面覆盖层主要是有机涂层和阳极覆盖层。使用时应根据实际工况条件和经济条件合理选择具体的防护方法。人们也正在研究新的成本低、易于施工的涂层防护方法。

2.1.5 海洋腐蚀的检测和监测

海水是一种强电解质溶液，海洋钻井平台、码头钢桩、舰船等海上钢铁设施都不可避免地会发生腐蚀。针对这些海洋腐蚀现象，人们开展了大量的研究工作，以寻求解决腐蚀问题的有效方法。现在包括阴极保护、金属和有机涂层防护等在内的多种防护技术已得到广泛应用并取得了一些效果。与此同时，如何有效可靠地监测腐蚀的实际发展程度及所用防护技术的实际效果同样是腐蚀研究者应该解决的重要问题。

现在对腐蚀的一般检测方法包括现场挂片、定期检修、极化阻力测试（由极化阻力可求得腐蚀速率）等。现场挂片和极化阻力测试主要是针对均匀腐蚀。定期检修虽然可以检测到部分局部腐蚀，但对于某些特定情况依然不能起到良好的效果，例如，在显微镜下才能见到的小孔腐蚀，在现场检修时则很难检测得到。

实际上，局部腐蚀往往比均匀腐蚀造成的损失更大。局部腐蚀发生时，均匀腐蚀发展的程度常常很小，因而容易被忽视，造成事故。例如，局部腐蚀穿孔会造成海底油气管道泄漏，继而污染环境，甚至引发爆炸。除局部穿孔外，应力腐蚀开裂也是局部腐蚀的一种形式，它能够在金属构件几乎没有塑性变形的情况下发生。发生应力腐蚀的海上平台如若构件开裂很可能会造成平台的倾覆，危及生产安全。因而对局部腐蚀的监测往往显得比对均匀腐蚀的监测更为重要。

近年来，国内外腐蚀电化学研究发展很快，出现了各种稳态和暂态实验技术。在各种实验技术中，交流阻抗技术对于局部腐蚀的监测十分有效，不同的局部腐蚀形态对应着特定的交流阻抗谱。因此，通过对交流阻抗的测量就可以实现对局部腐蚀的监测。

在腐蚀监测技术研究方面，英国、美国、加拿大等国均处于领先地位，而我国目前只有极化阻力测试仪一种产品成功商品化并应用于实际腐蚀现场监测，其他科研成果有待进一步在工程实际中推广应用。以研制探头作为突破口实现对均匀腐蚀和局部腐蚀的实时现场监测是腐蚀监测技术研究的重要方向之一，其研究成果的成功推广应用必将带来可观的经济效益和社会效益。

2.2　浪花飞溅区的腐蚀

海洋腐蚀区域共分为海洋大气区、浪花飞溅区、潮差区、海水全浸区和海底泥土区五个区域。海洋大气区[43-45]包括沿海大气区和浪花飞溅区以上的大气区，是在海洋环境中不直接接触海水的部分，海盐的沉积和风浪的条件，使得海盐粒子沉降在暴露的金属表面上形成液膜，具有很强的吸湿性，海盐粒子的存在会加速腐蚀过程，碳钢的腐蚀速率大约为 0.05mm/a。潮差区[46]位于海水平均高潮线和平均低潮线之间，涨潮时被海水所淹没，对潮湿、充分充气的金属表面有腐蚀作用，除微电池腐蚀外，还受到氧浓差电池作用，潮汐区部分因供氧充分为阴极，受到保护，而紧靠低潮线以下的全浸区部分，则因供氧相对不足成为阳极，腐蚀加速，碳钢的腐蚀速率为 0.05～0.1mm/a。海水全浸[46]位于平均低潮线以下直至海底的区域，受到溶解氧、流速、温度、盐度、pH、生物因素的影响。氯离子阻碍和破坏金属的钝化，很容易发生点蚀和缝隙腐蚀，碳钢腐蚀速率约为 0.12mm/a。海水全浸区以下部分为海底泥土区[46, 47]，主要由海底沉积物构成，受到细菌（如硫酸盐还原菌）、溶解氧、温度等因素的影响。该区发生的主要是微生物腐蚀，且泥浆有腐蚀性，形成泥浆与海水间的腐蚀电池，与陆地土壤不同，海泥区含盐度高、电阻率低、腐蚀性较强，碳钢腐蚀速率为 0.02~0.08mm/a。而海洋浪花飞溅区由于所处的特殊位置，受多种因素影响，对于不具备钝化特性的一般钢铁材料而言，该区域是海洋环境的五个区带中腐蚀最严重的区带[48]。

2.2.1 浪花飞溅区的定义

关于浪花飞溅区有多种定义，最早是由 Humble 在 1949 年提出的，它是泛指海水平均高潮位以上海水浪花和海水泡沫飞溅能波及的区带，是腐蚀最严重的区域，其特点是潮湿、表面充分充气、海水飞溅、干湿交替、日照和无海生物污损等[49]。该区带受到的腐蚀往往最为严重且没有明确的范围，主要与海洋气象条件有关。在挪威石油天然气开发早期，对 Det Norske Veritas 定义的浪花飞溅区进行了保护，保护范围为潮差区加波高，最高限为高潮位（HAT）以上 65%的波高，最低限为低潮位（LAT）以下 35%的波高[50]。随后，挪威国家石油理事会（Norwegian Petroleum Directorate，NPD）建议浪花飞溅区保护范围从低潮位下 4m 到高潮位上 5m，但是实际保护范围可能要比此范围小得多。

美国防腐工程师协会（NACE）RP 0176-943 将浪花飞溅区保护范围定义为由于受到潮汐、风浪等影响而交替浸湿的区域，将只有在大风暴期才能浸湿的区域排除在外[50]。日本防腐专家渡道的实验证明在海水平均高潮位（MHWL）以上 0~1m处为浪花飞溅区，最大腐蚀处在海水平均高潮位以上 0.5m 处。前文指出在港湾中钢铁构筑物腐蚀最严重处在海水平均高潮位以上 45~60cm 处。日本防腐技术协会规定"在海水平均高潮位以上 2m 范围内为浪花飞溅区的防护范围"。为确定我国港湾内浪花飞溅区的范围，在国家自然科学基金委员会的资助下，朱相荣和黄桂桥等[51-53]采用碳钢长尺试样在青岛、舟山、厦门、湛江四个海域的港湾内进行了 2 年的实验，得出浪花飞溅区范围在海水平均高潮位以上 0~2.4m 处，最严重的腐蚀峰值位置在海水平均高潮位以上 0.6~1.2m 处，其中，青岛海域为平均高潮位以上 0.6m，舟山海域为平均高潮位以上 0.66m，厦门海域为平均高潮位以上 1.0m，湛江海域为平均高潮位以上 1.2m，在港湾外广阔的海面上的海洋浪花飞溅区及其峰值位置将因地而异。

2.2.2 浪花飞溅区腐蚀机理

浪花飞溅区由于位于海-气交换界面区，经常处于潮湿多氧的状态，还有较强而频繁的海浪冲击作用[54]，钢结构在浪花飞溅区处于干湿交替状态，加上高含盐量[55]、海水的冲刷、供氧充分、日照充足、温度上升这些因素综合导致了钢结构在浪花飞溅区的腐蚀最为严重。钢在浪花飞溅区的平均腐蚀速率为 0.3~0.5mm/a。同一种钢在浪花飞溅区的腐蚀速率较在海水其他区域中高出 3~10 倍。

朱相荣等[51, 56]采用 ACM-1512B 智能大气腐蚀监测仪测定了浪花飞溅区及大气区中钢样上水膜的润湿情况，并测定了含盐离子沉降量，其研究结果表明，处于浪花飞溅区钢样表面的水膜润湿时间长、电流大，而且浪花飞溅区峰值附近的含盐粒子量也远高于浪花飞溅区的其他位置。浪花飞溅区海水膜润湿时间长、干湿交替频率高和海盐粒子的大量积聚加上飞溅的海水泡沫冲击是造成腐蚀最严重的主要外因。另外，由于风浪影响造成的供氧充分也是主要因素。影响腐蚀的其他因素还有来自太阳的紫外线、流冰等的磨蚀、风力和波浪的联合冲击等。

其内在因素主要是钢铁表面所生成的锈层所起的特殊作用。陈俊明等用穆斯堡尔谱对暴露两年的浪花飞溅区锈层测试表明 α-FeOOH 为浪花飞溅区的主要锈层成分。侯保荣等通过模拟浪花飞溅区的干湿交替过程，发现钢在浪花飞溅区的腐蚀速率大于在海水中的腐蚀速率，主要是由于锈层自身氧化剂的作用而使阴极电流变大，表面锈层在湿润过程中作为一种强氧化剂在起作用，也就是说在锈层中发生了 Fe^{3+} 到 Fe^{2+} 的还原反应。另外，在干燥过程中，由于空气氧化，锈层中的 Fe^{2+} 又被氧化为 Fe^{3+}，锈层中 Fe_3O_4 较多，并同时含有不同量的 α-FeOOH、β-FeOOH 和 γ-FeOOH。锈层中 FeOOH 的氧化还原反应是不可逆反应，FeOOH 的还原生成物 Fe_3O_4 在溶液中不能被氧化为 FeOOH，但是 Fe_3O_4 在空气中可以被氧化为 FeOOH，在干燥过程中大气氧化所生成的锈层 FeOOH 与在水溶液中所生成的锈层 FeOOH 电化学活性不同。也可以认为，内锈层的 Fe_3O_4 相和外锈层的 FeOOH 相的导电性能不同，在海洋浪花飞溅区形成导电性能较好的 Fe_3O_4，内锈层导电性能好，使外锈层中的 FeOOH 容易被还原，从而表现出海水中和海洋浪花飞溅区的还原电流存在差异。

$$6FeOOH+2e^- \longrightarrow 2Fe_3O_4+2H_2O+2OH^- \tag{2-3}$$

Nishimura 等[57]也对碳钢于含氯离子的干湿循环腐蚀条件下形成的锈层结构及其对腐蚀的影响进行了研究。随着氯离子含量的增加，锈层中 β-FeOOH 的含量增加；随着锈的数量增加腐蚀速率也增加，腐蚀速率的增加与 β-FeOOH 的还原有关。陈惠玲等[58]用浸渍干湿循环法进行腐蚀实验，用红外光谱（IR）和 XRD 分析形成锈层的组成和含量。分析表明，碳钢在 Cl⁻ 环境中锈层含有 α-FeOOH、γ-FeOOH、Fe_3O_4 和少量 β-FeOOH。α-FeOOH 和 Fe_3O_4 晶体生长速度快、颗粒大、结构疏松易脱落，锈层没有保护作用。针对大气腐蚀环境的锈层结构的分析研究也有很多，对于研究浪花飞溅区腐蚀机理也有参考之处。

崔秀岭和王相润等[59-61]通过岩相显微镜、扫描电镜和 XRD 等对暴露 8 年的浪花飞溅区锈层进行分析检测表明，其主要成分为 Fe_3O_4 和 γ-FeOOH，还存在 α-FeOOH 和 β-FeOOH，并在锈层中存在基体金属，整个锈层外观为明显的层状结构，锈层具有磁性，存在裂纹、孔洞，并存在分层现象。朱相荣等[61]通过比较脱氧和未脱氧情况下带锈试片的极化曲线发现，锈层不具有保护作用，锈的还原起到的"去极化剂"作用，是浪花飞溅区腐蚀严重的重要内因。

　　李言涛等[62]将 Q235A 钢和 16Mn 钢在埕岛海区挂片两年，利用穆斯堡尔谱对浪花飞溅区腐蚀产物的测试表明，β-FeOOH 为主要腐蚀产物，同时还存在 Fe_3O_4 和 α-FeOOH，并且内锈层的 Fe_3O_4 含量高于外锈层，而 β-FeOOH 的含量低于外锈层，这说明主要是内锈层中的 β-FeOOH 作为氧化剂参与了阴极过程而加速了钢铁的腐蚀。

　　朱相荣[61]认为，由于 Fe_3O_4 具有导电性，有利于电化学反应的进行，在干湿交替的过程中锈产生裂缝和通道，氧很快扩散进入锈层使 Fe_3O_4 氧化，经过多次干湿交替过程，形成氧化—还原—再氧化的循环加速腐蚀，并由于季节性因素形成了多层状的、易剥离的"年轮"型层状锈层，其过程如下：

氧化：

$$Fe \longrightarrow Fe^{2+}+2e^- \longrightarrow FeOOH \tag{2-4}$$

还原：

$$Fe^{2+}+8FeOOH+2e^- \longrightarrow 3Fe_3O_4+4H_2O \tag{2-5}$$

再氧化：

$$3Fe_3O_4（黑色）\longrightarrow 4\gamma\text{-}Fe_2O_3（褐色）+Fe^{2+}+2e^- \tag{2-6}$$

　　锈层被活泼的氯离子浸透，使过渡层中的金属脱离母体或沿铁素体的晶界浸蚀部分金属脱离母体，形成锈层中未腐蚀的基体金属块。这种未腐蚀的基体，均被大面积的锈层包围，造成剧烈腐蚀，最后使锈层中未腐蚀的基体金属全部被氧化而消失。碳钢在浪花飞溅区的锈层疏松、孔隙裂纹较多、阻抗低、保护性较差，是导致严重腐蚀的主要原因。

　　Ramana 等[63]通过红外光谱和 XRD 测定浪花飞溅区的锈层主要以 γ-FeOOH 和 β-FeOOH 为主，还存在 α-Fe_2O_3 和 Fe_3O_4，并认为 γ-FeOOH 由于 Cl^- 的影响而逐渐向 β-FeOOH[64]转变，反应式如下：

$$\alpha\text{-}FeOOH+H_2O \longrightarrow Fe^{3+}+3OH^- \tag{2-7}$$

$$2Fe^{3+}+6Cl^-+2H_2O \longrightarrow 2FeOCl+4HCl \tag{2-8}$$

$$2FeOCl+2H_2O \longrightarrow 2\beta\text{-}FeOOH+2HCl \tag{2-9}$$

　　浪花飞溅区腐蚀产物主要有 Fe_3O_4（magnetite）、γ-Fe_2O_3（maghemite）、α-Fe_2O_3（hematite）、α-FeOOH（goethite）、β-FeOOH（akaganeite）、γ-FeOOH（lepidocrocite）、FeOCl（ferric oxychloride）、GR*（Ⅰ）（green rust Ⅰ）、δ-FeOOH 等。

　　Fe_3O_4 是一种稳定的锈蚀产物，具有优良的保护性。α-Fe_2O_3 具有三方结构，也是一种稳定的锈蚀产物，它能在铁表面形成一层薄层氧化膜，而正是这层薄膜与外界隔断，阻止继续氧化。α-FeOOH 具有正方结构，形态呈针状；β-FeOOH 具有斜方结构，形貌为针状或棒状；γ-FeOOH 也具有斜方结构，晶格常数大。其中 α-FeOOH 是一种较稳定的相，而 γ-FeOOH 活性很大，有向稳定的 α-FeOOH 或 Fe_3O_4 转变的趋势，转变速率随湿度和污染程度而异。β-FeOOH[65-67]含有管道亚结构，管道内含有 Cl^- 或 OH^-。由于该相针与针之间的间隙较大，可以存留水分，为点蚀的发生提供有利条件，因而它的存在加速了铁器的腐蚀。但也有报道[68]称，α-FeOOH 呈钟乳石结构，γ-FeOOH 为鳞片状。

FeOCl 具有正方结构，是一种不稳定的腐蚀中间产物，North 和 Pearson 都证明了它的存在。一般认为，FeOCl 可能会在缺氧的状态下存在，暴露在空气后它很快会分解为 β-FeOOH。绿锈 GR*（Ⅰ）为菱形晶体结构，由于其含有 Fe^{3+}，使得 $Fe(OH)_2$ 状的氢氧化物层片带正电，为保持电中性，在层片之间会吸附 Cl^- 和 H_2O，构成中间层。

Larrabee[69]较早研究了合金元素对浪花飞溅区腐蚀的影响。Larrabee[69]的研究表明含有 0.5% Ni-0.5% Cu-0.1% P 系的耐海水钢与普通钢相比，在浪花飞溅区表现出更好的耐蚀性，而在海水全浸区和海底泥土区，两者的耐蚀性却没有很大差别。高村昭[70]和冈田秀弥等[71]先后采用长条实验等方法进行研究，认为 Ni、Cu、P、Si、Cr、Mo 等元素及其适当组合可提高碳钢对浪花飞溅区的耐蚀性。侯保荣等[15, 72]对 10 种钢材进行了 350 天的腐蚀实验，结果表明 P、Cu、Mo、V 可提高钢材耐浪花飞溅区腐蚀的性能。合金元素对浪花飞溅区腐蚀的影响可能是由于其影响了锈层结构。曹国良等[73]研究了海水飞溅区 Ni-Cu-P 钢、含 Cu 低合金钢和碳钢的耐蚀性能，Ni-Cu-P 钢表现出比碳钢优越的耐腐蚀能力。对锈层成分的分析表明，在宏观阴极区，钢的内、外锈层均主要由 α-FeOOH、β-FeOOH、γ-FeOOH、δ-FeOOH、Fe_3O_4 和少量非晶氧化物组成，但内锈层的 Fe_3O_4 含量更高，而 γ-FeOOH 和 β-FeOOH 的含量更低。与碳钢相比，Ni-Cu-P 钢宏观阴极区和蚀坑内的锈层更致密。对锈层中的合金元素分析发现，Ni-Cu-P 钢中的合金元素 Ni、Cu 和 P 主要分布在宏观阴极区的内锈层和蚀坑内，Cu 和 P 在蚀坑内有富集。在宏观阴极区，合金元素 Cu 可细化内锈层的晶粒，从而促进保护性锈层的形成。Kwon 等从原子尺度研究了 Cr 对 β-FeOOH 结构的影响。Cr 占据 β-FeOOH 中 Fe 的位置使 β-FeOOH 的晶体结构发生变形[74]。Wang 等也发现 Cr、Cu 在底部锈层的富集[75]。

2.2.3 浪花飞溅区腐蚀影响因素

1. 干湿交替影响

浪花飞溅区处于海洋大气与海水交界区域，在该区域服役的钢结构经常处于海水干湿交替状态。浪花飞溅区的腐蚀过程本质上是一个电解液膜干湿交替的腐蚀过程，类似于大气腐蚀过程，但是远比大气腐蚀严重。潮汐和浪溅飞沫使浪花飞溅区的建筑物表面处于干湿交替状态，在干湿交替过程中，材料表面存在着一层氧饱和的电解液膜，充足的氧是使海洋浪花飞溅区钢的腐蚀速率远大于海水中腐蚀速率的原因之一，电解液膜及干湿交替频率是影响材料腐蚀和有机涂层老化失效的主要环境因素，干湿循环过程中干燥和润湿时间的比例对扩散速度也有很大影响，潮差区和浪花飞溅区实验数据表明，干燥时间越长、程度越大，毛细作用越显著，氯离子渗透速度越大[76]。

Tsuru 等[77]采用 Kelvin 探头技术证实干燥过程中液层减薄会加速氧还原阴极反应速率而加速腐蚀过程，然而当液膜减薄到一定程度之后，因为电解质浓度增加，氧的浓度减小，腐蚀速率降低，研究结果还证实干湿循环中的干燥过程能够加速腐蚀。Nishikata 等[78]研究了碳钢在干湿交替环境中的腐蚀行为，分析认为碳钢的腐蚀分为三个阶段：第一阶段，Cl⁻浓度增大使得腐蚀速率增大，腐蚀电位负移；第二阶段，腐蚀速率突然增大，发生了金属溶解及氧的去极化反应，腐蚀电位不变；第三阶段，腐蚀速率降低，电位负移，这是因为阳极溶解过程受到抑制。

干湿循环的干燥和润湿时间的比例对扩散速度也有很大影响，研究表明[79]，干燥时间越长，氯离子渗透速度越大，金属设备腐蚀越严重。侯保荣等[80, 81]研究了钢材在海水-海气交换界面区的腐蚀行为，结果表明，在干湿交替过程中，钢表面锈层中的某些成分参与了电化学反应的阴极过程，致使阴极电流密度变大。许立坤等[82]研究了锌合金在海水干湿交替环境下的腐蚀机理，结果表明，锌合金阳极表面腐蚀产物更为致密，干湿交替会降低锌合金牺牲阳极的保护效果。

韩薇等[83]采用干湿复合循环实验等方法研究了 7 种碳钢与低合金钢的腐蚀规律，证实带锈试样的腐蚀过程受阴极扩散过程控制，7 种材料带锈试样的阻抗值与材料的年腐蚀速率呈线性关系。陈新华等[84]发现添加 0.3% Cu 明显提高了钢在 0.3% NaCl 溶液中抗干湿交替循环腐蚀的能力，而添加 Mn 却降低了钢的耐腐蚀性能。

2. 光照影响

紫外线照射和加热效应等因子的协同作用会加速金属材料的腐蚀。朱立群等[85]对高强度钢表面镀锌、镀镉层进行加速腐蚀实验的研究，对比中性盐雾实验，将紫外线照射、湿热加速盐雾等环境因子引入实验后，镀锌、镀镉层的腐蚀速率明显加快。陈赤龙等[86]结合电化学测试及扫描电子显微镜观察，发现经过辐照，敏化态及固溶态 316 不锈钢试样的抗应力腐蚀性能均有一定程度的恶化，且随辐照量增大影响也变大，一般认为辐照诱导偏析导致微量元素的富集是促使金属对应力腐蚀敏感的原因。

具有光电效应的 TiO$_2$ 薄膜可应用于腐蚀控制领域。Tatsuma 等[87]研究了 TiO$_2$-WO$_3$ 涂层体系对 304 不锈钢的光电阴极保护性能，发现它在紫外光照停止后具有防腐蚀能力。曾振欧等[88]发现将 304 不锈钢表面纳米 TiO$_2$/SnO$_2$ 涂层的紫外光照 1h 延时阴极保护作用可达 7h，更适用于辐照强烈的浪花飞溅区金属的腐蚀控制。

海洋构筑物表面的防护层也会因太阳辐射而发生腐蚀，特别是高分子材料。高分子材料在浪花飞溅区的使用过程中，经常受到日光照射和干湿循环双重作用而失效。紫外光照也会加速聚合物氯化而失效，游离的氯能使苯环发生取代反应，对含苯基的高分子材料有腐蚀作用。海洋工程设施处于阳光照射部位的涂层出现色泽变浅、粉化和剥落的概率显著高于无阳光照射的区域。田月娥等[89]在研究海洋环境对厘米波隐身涂层的影响规律中发现，海岸环境对该涂层的影响因素主要是温度和太阳辐射。文伟等[90]对环氧树脂胶黏剂在亚热带湿润性气候地区进行的环境老化实验表明，充足的光照、较高的温度能促进环氧胶黏剂发生老化反应，在大气曝晒环境中水、温度和光照是胶黏剂黏结性能下降的重要因素。

3. 盐分影响

海洋浪花飞溅区另一个主要特点是气相中含有大量的盐雾，它易附着在物体表面而加速湿气膜或水膜形成，水膜的蒸发和凝聚会导致表面盐分浓缩。肖葵等[91]研究 NaCl 颗粒沉积对 Q235 钢早期大气腐蚀的影响时发现，在 SO$_2$、CO$_2$ 和 NaCl 的共同作用下，表面沉积了 NaCl 的钢容易发生严重腐蚀，远大于在相同环境中表面没有沉积 NaCl 的 Q235 钢，其腐蚀产物主要是 Fe$_3$O$_4$，此外还有 γ-Fe$_2$O$_3$ 和 γ-FeOOH。何建新等[92]研究发现海南万宁与海岸距离不同的 Q235 钢在海洋大气中的腐蚀行为也不同。氯离子含量高低顺序与各处样品腐蚀量大小顺序一致，距海岸 25m 处空气中氯离子含量最高，腐蚀量也最高，显然这是表面盐分浓度不同所致。在 Sun 等[93]的研究中也发现 2024 和 7075 铝合金在沿海大气中的空泡腐蚀主要发生在背阴面盐分较大区域，在试样暴露 20 年之后在沿海大气中合金机械性能的降低程度都远大于城市和工业大气中的，表明了盐分浓缩能够明显促进腐蚀加速。

浪花飞溅区中不锈钢表面盐分的不断浓缩会导致点蚀现象的发生。Pohjanne 等[94]认为浓缩的盐分中硫酸盐会减缓点蚀，而钙离子则起到加速作用，他们还建立了一个经验模型来预测不锈钢在氯化物和硫酸盐中的点蚀行为。梁彩凤等[95]建立了钢的大气腐蚀预测模型，对实验钢的化学成分和实验的环境数据进行逐步回归，得到钢的大气腐蚀发展幂函数的参数与钢的化学成分和环境因素的定量关系。

卢振永[76]使用人工气候模拟实验室，以杭州湾跨海大桥项目为背景，研究环境对腐蚀的影响和氯离子的侵蚀机理，提出了氯盐腐蚀环境的人工模拟方法，用于分析不同区域氯盐和氯离子在腐蚀过程中所起的作用。

氯离子对浪花飞溅区材料的腐蚀影响主要体现在它对钢筋混凝土结构材料的显著破坏作用。浪花飞溅区中水分和氧气供给充足，这加速了氯离子对钢筋的破坏作用。氯离子是极强的去钝化剂，能够破坏钢筋表面钝化膜而导致局部腐蚀。吕国诚等在慢拉伸实验中证实，只有当 Cl⁻浓度达到临界值时，304 不锈钢才会发生应力腐蚀破裂[96]。不锈钢的点蚀也倾向于在干湿循环的干燥阶段当 Cl⁻达到某一临界浓度时发生[97]。但钢筋混凝土体系复杂、腐蚀影响因素较多，且测试方法不统一，因此氯化物浓度的临界值仍无统一定论[98]。通过大量的码头调查、暴露实验和现场取样发现，不同标高处氯离子的临界含量也有差别，标高小者氯离子临界含量高，水下区最高，水位变动区和浪花飞溅区次之，大气区最低，这可能与影响钢筋锈蚀的其他因素如氧气、水分、温度和湿度等有关[99]。

4. 生物附着污损影响

生物附着引起的腐蚀破坏强度因地理位置而异。在热带海域全年可以产生生物附着，而在北极海域几乎不存在生物附着问题。一些生物腐蚀在腐蚀进程中引起了氧化还原反应，尤其是阴极反应，生物膜会导致不锈钢、镍基和钛合金的开路电位移动而加速腐蚀。

在浪花飞溅区，材料表面几乎连续不断地被富含氧气的海水所润湿，海洋生物的附着情况根据实验站所处位置，南北地区有很大差异。例如，青岛地区，浪花飞溅区金属材料表面附着生物相对少而小；海南地区，生物附着作用则很明显。一方面，生物附着对金属材料的影响取决于其在表面的附着紧密程度，附着紧密，则不易产生缝隙，有利于对材料的保护（涂层效果）；附着疏松，则会产生缝隙效果，可能会加速金属材料的腐蚀。另一方面，生物附着对金属材料的腐蚀行为影响还取决于生物代谢产物，有些浪花飞溅区生物代谢产物呈酸性，会对金属材料的腐蚀产生明显影响。

5. 其他因素的影响

温度、pH、溶解氧和盐度等是影响海水腐蚀性的重要因素。

浪花飞溅区处于海洋环境表层，海水温度随辐照、季节变化显著，由于光合作用和波浪的气泡作用，浪花飞溅区的氧含量可能出现过饱和现象，氧含量越高，侵蚀速度越快，此时钢铁的腐蚀速率随着氧浓度的升高呈线性增加。

海水的 pH 介于 7.5 和 8.3 之间，加之海水的缓冲作用，除了铝合金，pH 变化对大多数的金属合金腐蚀过程没有很大影响，但这种变化会影响钙镁沉积层的形成而影响腐蚀速率，所有这些因素的协同腐蚀作用都会影响材料的腐蚀。

不同海域由于季节差异、辐照程度不同、淡水和营养盐的注入等原因，从而导致温度、pH、溶解氧、盐度等腐蚀相关因素变化，引起不同情况的腐蚀。例如，在某些沿海港口和河口的污染水体中含有硫化氢和硫酸盐，经硫酸盐还原菌作用产生硫化氢，从而加速钢、不锈钢、铜和铝合金的腐蚀[100]。Nunez 等[101]也曾在马列和弗洛雷斯海洋站对热带海区铜和铜合金在海水环境及密集气溶胶中的腐蚀做了系统研究，由于季节的影响，从 12 月到次年 2 月，冬季的海洋大气盐度有最大值，在此区域的干湿循环中，温度起着重要的作用，如果温度太低，则干态进程将会受到影响，铜绿的增长速率也会降低，研究也发现铜腐蚀速率最活跃的地方是在平均潮线附近，约为浪花飞溅区的 8 倍。

在我国的不同海域，由于潮汐、海流等冲刷作用的影响，相同材料在浪花飞溅区的腐蚀情况差异也非常明显。赵月红和朱相荣等[102]在对金属材料长周期海水腐蚀规律的研究中，关于不同海域温度差异和材料不同造成的腐蚀差异也有较系统的概括。关于海水全浸区中温度、pH、盐度和溶解氧等因素对金属腐蚀行为影响的研究已积累了大量成果[103]，这些成果可供浪花飞溅区腐蚀环境分析参考使用。孔德英和宋诗哲用人工神经网络方法建立了碳钢和低合金钢海水腐蚀与合金成分、海水因素间的模型[104]。朱相荣等[105]根据我国各海域主要环境因素数据、部分碳钢、低合金钢的局部腐蚀深度数据，运用灰关联分析法，将海水腐蚀性分为 C1～C5 五个类别，提出了评价我国海域腐蚀性（包括分类）的双因素环境评价法。刘学庆[106]分析了海洋腐蚀速率与海洋环境状态的相关性，采用不同方法测定腐蚀速率数值间的差异并分析其原因，评估了腐蚀预测的可行性。

2.2.4　浪花飞溅区腐蚀防护技术

国外沿海工业化国家对海洋设施的腐蚀防护工作比较重视，针对不同海洋环境设计不同的具有针对性的保护措施，而国内对浪花飞溅区腐蚀的严重性认识比较晚。由于浪花飞溅区腐蚀的严重性，对于浪花飞溅区腐蚀防护技术的研究也相当活跃。国内外对浪花飞溅区采取的防护措施主要包括加厚钢板、研发耐海水钢、阴极保护、混凝土包覆、涂料覆盖层、金属覆盖层、包覆防护技术。

1. 加厚钢板法

加厚钢板法，即增加"腐蚀裕量"的方法，也把这部分钢称为"牺牲钢"或

"钢套"。例如，钢桩码头、采油平台等钢结构在原设计的基础上加一层厚钢板作为牺牲极，使钢的寿命得到延长，它在设计上是非载荷部分，所以不会对钢结构的安全造成影响。我国第一座海上大型栈桥式码头采用的就是此方法，而在一些发达国家是选择性地采取此方法对浪花飞溅区特殊结构物进行防腐保护。由于此方法存在局部腐蚀严重、增加自重负荷、钢材浪费等缺陷，在发达国家已经基本不采用。

2. 耐海水钢的研发

通过添加合金元素来提高钢材在浪花飞溅区的耐腐蚀性能[107]。早在 20 世纪 50 年代 Larrabee 确认 Ni、Cu、P 为有效元素，冈田还提出 Ni、Ti、Mo 为有效元素。渡边常安肯定了 Cr、Si 为有效元素。Akria TakMnra 等研究了低合金钢在浪花飞溅区合金元素对耐蚀性的影响，认为合金元素的影响在于使 γ-FeOOH 转变速度加快，形成了细小微粒型的 Fe_3O_4 保护性铁锈，从而阻止 Fe_3O_4 呈晶体生长，可阻挡水、氧和氯离子的扩散。黄桂桥等[107, 108]认为增加 Cr 含量、添加 Mo 能提高不锈钢在浪花飞溅区的耐蚀性。Mn、P、Si、Cr、Mo、Ni 对减轻钢的浪花飞溅区腐蚀有效，并有 P＞Si＞Cr 和 Mo＞Ni 及 Mn，S、Al、V 对钢的浪花飞溅区腐蚀有害。Wang 等[72]通过对 18 种钢腐蚀挂片 350 天结果拟合发现，P、Mo、Cu 对减轻钢的浪花飞溅区腐蚀最有效。美国钢铁公司是最早开发出耐海水钢的，即 Ni-Cu-P 系耐海水钢（玛丽娜钢）。玛丽娜钢耐蚀性比碳钢提高 2～3 倍，但由于价格昂贵，极大地限制了其在浪花飞溅区防腐中的应用。法国的 Pompey 公司成功研发出铬-铝系的 APS 耐海水钢，德国也将研制出的 Ni-Cu-Mo 系 HSB55C 钢应用于海洋平台构筑物，侯保荣等在模拟海洋环境条件下对 100 余种含有不同合金元素的钢进行研究时发现，17NiCuP、10MoWPVRe 和 10MoWPV 三种钢在浪花飞溅区的耐蚀性得到显著提高。众多研究表明，钢中添加元素的种类和含量不同，表现出来的耐蚀性也是明显不同的，没有一种钢能适用于所有海洋环境区带。

国内外对钢结构在浪花飞溅区的防腐历来十分重视，从未停止过对其防护对策的研究[50, 109-114]。除了不断改善钢结构，加入 Cr、Mo、Mn 等合金元素[115-117]提高合金钢的抗腐蚀能力外，还采取了一系列的防腐措施，较多地采用隔离层防腐蚀方式，主要有施加涂料保护[118-122]、覆层防护[16]等。

3. 阴极保护

该技术已非常成熟，但将其应用于浪花飞溅区有一定的局限性。研究也表明，采用阴极保护，钢在平均中潮位腐蚀较轻，约有一般的保护效率；在平均中潮位至平均高潮位之间几乎不发生作用，在平均中潮位至低潮位保护效果最好，可达到 70%。国内外的研究表明，需要对现有阴极保护技术进行改进，才能将其应用于浪花飞溅区，虽然研究都取得了一定的成果，但还没有在浪花飞溅区得到成功应用的成熟案例。普通阴极保护有一定局限性，特别是对海洋钢结构浪花飞溅区部位，因海水浸泡率较低，阴极保护不起作用，故有进一步研究改进的必要。

美国专利提出的办法如下：对处于周期间浸部位的钢桩和海洋采油平台、井架，在其表面充满锯屑、膨润土之类吸水物质或把石膏 75%、膨润土 20% 和硫酸钠 5% 进行混合，布制外套包覆在被保护的钢结构表面，再在这些吸水性材料的内部埋装镁合金之类的牺牲阳极，从而使钢结构获得充分保护。

在我国，黄彦良[123]提出了一种海洋浪花飞溅区钢铁设施腐蚀防护方法。他在浪花飞溅区的钢结构表面引入一层电解质膜，使牺牲阳极为钢结构表面提供阴极保护电流，以保护钢结构；具体为在内层先将毛细吸水层缠绕于被保护体上，在钢结构表面引入一层电解质膜，在中层设牺牲阳极，为钢结构表面提供阴极保护电流，然后在外层设纤维增强的塑料外壳，用螺栓固定在钢结构上，构成牺牲阳极护套结构。该发明相对简单、使用安装方便，不但适用于新建海工设施的腐蚀防护，而且适用于已有设施腐蚀防护的更新和修复，还能方便地实现对保护效果的监测。

4. 混凝土包覆层技术

混凝土是由胶凝材料、骨料和水按适当比例配制而成的一种人工石材，pH 为 12～13。在强碱性条件下，钢筋表面会生成一层钝化膜，该膜能够更好地防止基体腐蚀。在平均低潮位以下，混凝土包覆层才可达到最佳防腐效果。

这种防蚀方法虽较陈旧，但由于它在浪花飞溅区和潮差区具有良好的保护效果，故至今还有不少国家采用。我国在这方面也有一定经验。研究报告指出，厚 20cm 的混凝土覆盖层在浪花飞溅区有很好的防蚀效果。施工时宜用模板浇注，若采用聚合物混凝土，则可大大提高保护层的力学强度[124]。顾正贤等[125]于 1994 年至 1996 年采用玻璃钢（FRP）护套灌注高强混凝土技术对杭州湾 1# 原油码头的引桥和系缆墩钢桩浪花飞溅区进行防腐处理，混凝土厚度为 5cm。两年后 FRP 和内灌混凝土完好。该方法的缺点是玻璃钢套泄漏后，因混凝土腐蚀导致防护寿命降低。

混凝土包覆层对混凝土的质量和包覆层的厚度质量要求比较高，加之浪花飞溅区的复杂环境，经常受到海浪及海浪带来的漂流物的冲击，当环境因素和施工产生的老化发生后会造成钝化膜的破坏，开始腐蚀，失去防护作用。所以将混凝土包覆层技术和阴极保护技术联合使用，对海洋构筑物在浪花飞溅区的防蚀能起到很好的效果。

5. 涂料覆盖层技术

我国是生产涂料的大国，涂料防腐也是应用最广泛的腐蚀防护方法，在防腐蚀领域所占的比例很大，应用于浪花飞溅区的主要有超厚膜型、玻璃鳞片和环氧树脂砂浆涂料。

超厚膜型防腐涂料的厚度一般在 200～300μm 及以上，有时甚至上千微米，膜厚是重要的特征之一。无机富锌涂料[126]在海洋环境中具有优异的防锈能力和耐久性，且是一种良好的阴极保护涂料。根据欧美地区、日本的经验，用于浪花飞溅区结构防腐蚀的最合适配方是先涂 50～100μm 厚的无机富锌漆，再涂 100～200μm 厚的环氧煤焦油沥青面漆。这样可不加其他保护而使用 5～10 年。目前日本生产的厚浆型环氧沥青漆内掺膨润土作增稠剂，涂一道即可达 200μm，用高压无空气喷涂 2～3 次，总膜厚 400～600μm，在海洋环境中使用期可达 10 年以上。乙烯系涂料（厚浆型）最近几年在国外也已广泛应用，特别是在海军舰艇和海上钢结构使用很多。美国的研究提出，乙烯漆与无机富锌底漆配套使用时，在底漆上涂一道 25μm 厚的中间漆效果较好。乙烯酚醛底漆与聚氨酯涂料配套（总膜厚 500μm）使用时，在浪花飞溅区有优良的防腐效果。最近国外发展的厚浆型氯化橡胶涂料，一次涂覆膜厚可达 80～120μm，既省工又能延长使用寿命，对海洋钢结构防腐蚀具有重要意义。许多浅海采油井架和海洋设施多采用此涂料，抗蚀性能良好。美国杜邦化学公司还利用氯丁橡胶防止外海采油平台支柱和套管腐蚀，耐久性高达 15～35 年。但它在应用时必须先涂一种合适的黏结剂，然后高温硫化，切割时衬材易遭破坏，现场修补较困难，因而目前应用尚不普遍。硫化氯丁橡胶典型的使用厚度是 6～13mm。由于这种涂料不能在制造现场涂覆，所以在通常情况下，仅限于在管状构件的直线段使用。在管状构件的两端宜至少留有 50mm 未涂覆的管段，以防在焊接过程中对氯丁橡胶的损伤[127]。无溶剂环氧聚酰胺涂料是美国壳牌化学公司首先研制成功的，具有坚韧、耐磨、耐海水和耐冲击等特点，曾在墨西哥湾、大西洋沿岸、委内瑞拉水域和波斯湾的外海采油平台上做过多年现场实验，在浪花飞溅区应用效果良好。张立新等[128]研发的高性能熔融结合环氧粉末涂料和无溶剂双组分液体环氧涂料制备的涂层具有抗渗透力强、机械性能优异、耐腐蚀性强、耐冲刷等优点，预计单独使用该涂层能达到预期防护寿命 50 年，已在杭州湾跨海大桥和金塘跨海大桥钢管桩防腐工程中使用。国内起步较晚，尤其是无溶剂型的几乎是空白。中国科学院海洋研究所、中国科学院金属研究所与 DNT 联合开展研发了 SHB 超厚膜涂料，其总膜厚能达到 5mm，具有良好的抗冲击性、抗渗透性、附着力强，环保无污染，可以与阴极保护同时使用，并得到了广泛应用。

玻璃鳞片涂料[129]是美国首先发明的，它由无溶剂不饱和聚酯树脂和玻璃鳞片组成，其最大特点是这种涂层内含有大量极薄的鳞片状玻璃片，涂层厚 1mm 即有平行排列的玻璃片 130 层左右，因而水、氧和其他各种离子很难渗透涂层，使其有极好的抗蚀性能，被称为海洋环境中超长期的防蚀材料，主要用于浪花飞溅区防蚀。美国 Ceilcote 公司生产的玻璃鳞片煤焦油涂料，在近海固定或采油平台浪花飞溅区使用，也有 10 年寿命。

无溶剂环氧砂浆涂料是由美国阿梅罗（Ameron）公司研制成功的，其特点是可在浪花飞溅区部位的钢结构及混凝土上应用。这种涂料是在环氧树脂液料中加入专用填料组成的无溶剂环氧砂浆，其内含有优质颜料及少量脂肪族碳氢化合物。它的耐久性相当于蒙乃尔合金，但施工方便、价格便宜。SP-Guard 涂料是美国研制成功的一种适合于水下或海上现场涂覆作业需要的、利用落潮结构物露出水面的机会能快干的无溶剂环氧砂浆涂料。它以能与水置换的环氧树脂为主要成分，配合填料等成分制成。干膜厚度为每道 4mm。这种涂料已在日本海洋观测塔、海上泊地、钢管桩、栈桥、航标、海底管道及船底修补上获得应用。此外，荷兰的 Sigma 涂料公司也发明了一种无溶剂环氧冷喷涂料，常用膜厚：环氧/煤焦油 400μm，环氧/石英砂 5000μm，能在潮湿钢表面无空气喷涂，防蚀性能良好。姜秀杰等[130]研制了一种适用于海洋浪花飞溅区钢结构保护的超厚膜环氧涂料，一道涂料施工厚度达 1000μm，缩短了工程时间，不存在多道涂料施工层间附着力不理想的弊端。环氧树脂砂浆涂料有形式多样、黏附力强、固化方便、力学性能好、尺寸和化学稳定性好、耐霉菌等诸多优点，但其最大的缺点是固化后比较脆、容易开裂。填料砂子的加入可使其得到改善，但加入量要控制好。

涂料防腐技术仍是国内主要的防腐蚀手段之一，主要是因为其价格便宜、施工简便，但是涂料应用时表面处理要求高、受湿度温度影响比较大使涂料的应用受到限制。当涂料应用到浪花飞溅区时，由于其复杂苛刻的环境因素和本身材料的影响会造成孔蚀，在涂层表面出现不同程度的鼓泡，进而发生更严重的腐蚀，因此对于腐蚀最严重的浪花飞溅区，采用单纯的涂料保护是不可取的，将其与其他的保护手段联合使用才能达到更好的防腐保护效果。

6. 金属覆盖层技术

金属覆盖层技术主要包括热喷涂金属覆盖层和冷喷涂金属覆盖层。金属热喷涂铝、锌及其合金是浪花飞溅区钢结构防护的有效方法。金属热喷涂层体系金属热喷涂层在海洋环境中具有较为突出的防腐蚀性能，可屏蔽水、空气等腐蚀介质对钢铁的腐蚀，可充当牺牲阳极。另外，涂层中金属微粒表面形成的致密氧化膜也起到了防腐蚀的作用[131]。

1984 年，对 Hutton 张力支柱平台系链、升降机和锥形塔均采用火焰热喷涂技术喷涂铝涂层进行防护，采用乙烯树脂或硅树脂封闭。8 年后，在浪花飞溅区没有发现腐蚀现象，也没有检测到褐色渗漏效应。1987～1988 年，喷铝涂层已用于北海南部的九个平台的浪花飞溅区防护。在浪花飞溅区的涂层体系是 200μm 厚的喷铝涂层再加上干膜厚 50μm 的聚氨酯封闭涂料。NACE 标准 RP 0176—2003《海上钢质固定石油生产构筑物腐蚀控制的推荐做法》中提出，海洋平台浪花飞溅区可采用热喷涂铝层保护，厚度 200μm，硅氧烷密封，至少涂两道涂层[127, 132]。热喷涂铝涂层在近海的最大应用工程是 Heidrun 张力支拉平台，该平台设计寿命 50 年。按照规定在升降机、系链、甲板下侧和许多需要高可靠性、低维修和长寿命的设施上热喷涂铝涂层。李言涛、侯保荣等提出了先喷锌、后喷铝并覆以有机涂层的新方法，并于 1997 年在胜利油田中心二号成功实施防腐工程。热喷涂金属覆盖层在海洋浪花飞溅区的应用，必须要注意增加金属覆盖层的厚度。另外，施加长效优质封闭涂料，防腐效果是十分明显的[133]。

前苏联 Alkhimov 等首先提出了冷喷涂的定义，其完全不同于热喷涂技术，更易用在恶劣环境的钢材沉积，可以很好地改善材料表面的耐磨性、机械性和耐腐蚀性，但由于其对原料粉末尺寸有要求限制了冷喷涂的应用。

7. 包覆防护技术

包覆防护技术可分为有机包覆、无机包覆和矿脂包覆三大类。

有机包覆是指有机包覆材料包覆在钢材表面达到防腐目的的一类保护方法，膜厚比涂层厚度大，耐冲击性和耐蚀性较好。主要有聚乙烯包覆技术、水中固化树脂包覆技术、环氧树脂类包覆技术和氨基甲酸乙酯树脂包覆技术。包覆聚乙烯材料的应用历史悠久，1976 年日本最先研发出极寒冷地域使用的聚乙烯包覆钢管，被正式运用到海底管线的防腐蚀施工中，实际实验表明，聚乙烯包覆材料耐久性可达 20 年以上，能够提供长期有效的防腐保护。水中固化树脂包覆技术最先由美国的化工企业研发成功，日本最早做了实海暴露实验并将此技术在海洋构造物中广泛应用。

无机包覆是运用无机类材料对钢结构进行包覆防护的一种技术，可粗分为砂浆包覆技术、金属包覆技术和电沉积包覆技术三类。CRUS 技术是砂浆包覆技术的一种，是日本于 1983 年研制。由美国国际镍公司研制成功的 40 号蒙乃尔合金作为外海钢结构浪花飞溅区的防蚀护板目前在世界各地海洋钢结构物上都有应用[134]。据美国国际镍公司报道，用它作为外海采油平台浪花飞溅区的护板已持续使用 20 年以上尚未损坏。钢在墨西哥湾海洋采油平台浪花飞溅区的腐蚀速率高达 1.38mm/a，在阿拉斯加柯克湾还要大一倍，但用厚 1.27～1.5mm 的 400 号蒙乃尔合金包覆后，已成功地使用 20 年以上。NACE RP 0176—2003[127]推荐其壁厚为 1~5mm，最好通过焊接附在浪花飞溅区的柱形构件上。但由于这种合金材料价格较贵，易形成电偶腐蚀[133]，不耐冲击、切割和机械磨刮，如周围不设保护装置，则易被停靠工作平台的船舶撞击损坏，因而全面推广应用仍受到一定限制。铜-镍合金（90-10，70-30）这两种合金材料在国外也已广泛用于海上钢结构浪花飞溅区的防蚀，它们具有高度的耐蚀性、可塑性与可焊性，且不会发生抗蚀和应力腐蚀开裂。在浪花飞溅区条件下的长期腐蚀实验结果[135]表明，铜-镍（90-10）合金使用 8 年后，合金腐蚀速率即趋稳定，14 年后测得的腐蚀速率为 1.1μm/a。铜-镍合金（70-30）14 年后的腐蚀速率为 0.8μm/a。这两种材料对防止微生物的滋长具有较高的稳定性。由于它的耐蚀性优良，使用期限长，价格比蒙乃尔合金便宜，因而对已发生严重局部腐蚀的外海钢结构浪花飞溅区部位的保护，具有较高的经济价值。在腐蚀环境恶劣的 Morecambe Bay 采气平台[136]浪花飞溅区使用铜-镍合金（90-10）护套保护，防腐效果良好。NACE RP 0176—2003[127]推荐壁厚为 4~5mm，最好通过焊接附在浪花飞溅区的柱形构件上。不锈钢在海洋浪花飞溅区具有很高的抗蚀性能和很好的力学性能，也常用作浪花飞溅区护套，设计厚度为 1.2~1.5mm。美国 AISI 的一座海洋采油平台，曾用 304 不锈钢薄护套对浪花飞溅区进行保护，使用 14 年后，取得满意的效果。另外也有采用牺牲钢防护，但由于其耐蚀性较差，如需耐用寿命为 10 年，则其板厚至少 10mm 以上，这将增加钢桩码头或采油平台的自重负荷，引发结构安全风险。德国曾介绍过一种防止码头钢管桩海水腐蚀的橡胶护套。采用这种护套时，应先抽掉护套与桩表面间隙的残余空气，再在护套两端用环氧树脂密封，以达到水密和绝氧的目的。玻璃钢具有重量轻、比强度（强度与重量之比）高的优点，同时具有耐热、耐蚀性优良，抗冲击性能好，工艺性能优越等特点，但单用玻璃钢护套时海水会渗入护套内侧，难以达到满意的保护效果。美国 Osmos 公司海洋组发明了一种包扎聚氯乙烯带防止钢桩海水腐蚀的新方法。持续 25 年以上的研究表明，采用厚 0.76mm 的聚氯乙烯带包扎钢管桩，其腐蚀速率仅为 5μm/a。当热缩套被加热升到一定温度时会收缩，且其内表面预涂一层密封胶，已经被用来保护飞溅区的直管段。假如此收缩套遭到轻微的损伤，密封胶黏剂的黏弹性与收缩套的持续径向收缩力，使密封胶流到损伤部位且有效地将损伤处密封好。该项技术要求表面除锈且具有较大粗糙度，但是其有效性值得商榷[127]。

　　矿脂包覆技术是在钢结构表面先涂覆具有非水溶性、防水性、良好黏着性、不挥发性等的矿脂材料，然后在外部包覆不同类型防护外罩的技术。矿脂包覆防护技术在浪花飞溅区被广泛应用[137]，既能在新钢材上施工，也可对正在使用的结构物进行修复，可带水施工，有良好的施工性能。此外，矿脂包覆防护技术还能够应用于大气、埋地管道及法兰的腐蚀防护。国内外利用矿脂包覆作为防腐蚀方法的历史悠久，从 1925 年英国 WINN＆COALES（DENSO）公司发明 Denso 防蚀系统以来，已广泛用于海水、土壤及大气中钢结构的保护，在浪花飞溅区防腐效果优异。该保护系统分别由矿脂底漆糊（Denso S105 paste）、海洋矿脂冷缠带[17]（Denso marine piling tape）和高密度聚乙烯护甲（HDPE 2000FD jacket）组成，通过专业的包裹方式，能够有效预防金属桩柱生锈腐蚀，避免桩柱表面磨损及牡蛎侵蚀和氯化物渗透对桩柱表面的损害。它要求所有被保护的地方一定要经过彻底的清理和检查，最少要达到 St 1/2。如果表面有 2mm 及以上的凹痕，必须先用 Denso S105 矿脂底漆糊来填补，再涂上一层薄底漆糊。其特点是表面处理简单、施工方法简单快捷、能在水中施工、抗冲击能力强、能抵抗极端恶劣的气候环境、对环境无公害、能减少海洋生物（如牡蛎）对表面的破坏。图 2-1 为英国北海油田海上钻井平台和澳大利亚悉尼壳牌石油码头桩柱的 Denso S105 防蚀系统防腐工程。

(a)　　　　　　　　　　　　　　　　　(b)

图 2-1　Denso 防蚀系统防腐工程

（a）英国北海油田钻井平台；（b）澳大利亚悉尼壳牌石油码头桩柱

美国 CCI 国际防腐技术公司开发了单片整体式防腐套，大致构成为外表层是不透水的韧性材料，紧贴表面的内层是由液体可渗透性材料组成，里面添满密封胶。内层中添满的密封胶不仅有密封的性质，而且有助于抑制腐蚀和防止微生物生长。防腐胶紧贴在钢桩上提供活性防腐保护，防腐套的凸缘闭合紧固装置引起张力进入织物内部产生内应力从而使防腐套紧贴在柱桩上。外层的环套和环套张力可抵御大浪吸力和冲击力的影响，抗摩擦，抗碰撞，防腐寿命长，经实践检验，30 年后无明显腐蚀发生。其特点是单片整体式设计，既可工厂预装又可现场带水操作，易于安装，可随时拆卸、更换。CCI 防蚀系统在新加坡 CALTEX REFINERY 码头和美国 PONTCHARAIN 湖特大桥防腐工程中得以应用[133]。

2.2.5　氢渗透抑制的重要性

浪花飞溅区因受到干湿交替、海水飞沫、阳光照射、大气腐蚀性成分和良好的氧气供应条件等一系列外部因素的协同作用，是海洋环境的五个腐蚀区带中腐蚀最为严重的区域。

由于具有强度高、可降低结构件重量等优势，高强度钢被广泛应用于海工建筑物上。然而，高强度钢具有较强的应力腐蚀和氢脆失效敏感性，在海洋大气环境下高强度钢断裂失效的案例时有发生。浪花飞溅区具有苛刻的腐蚀环境，这也说明高强钢在浪花飞溅区中可能面临着更高的应力腐蚀和氢脆风险。

高强度钢的应力腐蚀和氢脆敏感性较高，强度越高敏感性越高，只要环境中有水都可能引起应力腐蚀开裂，例如，很多高强度钢在海水、人造海水、3.5% NaCl 或蒸馏水中对应力腐蚀敏感，此外，高强度钢在大气环境下也有应力腐蚀开裂倾向。

氢被认为在应力腐蚀裂纹扩展过程中起主要作用。腐蚀过程中有氢渗入钢铁材料，正是由于氢的渗入，才导致了高强度钢的氢脆敏感性，这种氢渗入通常是在自腐蚀情况下发生的。高强度钢对氢脆敏感，很少量的氢即可引发氢脆。

海洋工程发展对于具备高强度、资源节约型、结构轻量化等特点的材料需求迫切，使得高强度钢被广泛应用于海洋建构筑物和涉海装备中。浪花飞溅区是海洋环境中腐蚀最为严重的区带，环境的腐蚀作用与材料本身的应力腐蚀和氢脆敏感性相互作用，可能加速危及高强度钢构件的安全性，造成巨大的经济和人员损失。

针对高强度钢在浪花飞溅区的应力腐蚀行为和氢脆行为进行研究，不仅仅是发展腐蚀科学基础理论的需要，更是保证我国顺利开发海洋资源、保障海洋权益的必要条件。

包覆防腐技术是一种已经在浪花飞溅区中得以应用的有效防腐手段，考察包覆防护条件下材料的氢渗透行为，对于包覆防腐保护条件下是否仍有氢向高强钢内部渗透进行验证，这种将防护技术与氢渗透行为结合在一起进行综合研究的过程，不仅能够加深对于现有氢渗透理论的理解认识，同时也能综合评价腐蚀防护手段的有效性。

第 3 章　氢 与 金 属

氢在元素周期表中的位置独特，它是第一周期、第一主族、一号元素。仅包含一个核外电子的氢原子也是最简单的原子，两个氢原子又能结合成为最简单的共价分子——氢分子（H_2）。由于原子结构简单，对氢及其化合物的理论处理也相对比较容易，它们成为了近代量子物理和结构计算的常用对象[138]，对其结构和组成的解析和理解，是近代物理深入分析物质物理性能及其彼此之间相互作用的基础。

在常温常压下，氢常以氢分子的形式存在，氢分子是由氢原子构成的双原子分子，无色，密度 0.08988g/L，熔点 14.025K（–259.125℃），沸点 20.268K（–252.882℃）。氢有三种同位素，即氕（氢 1，H），氘（氢 2，重氢，D），氚（氢 3，超重氢，T）。氢可以得失电子形成离子，也可以与其他原子形成共价键，此外，氢还能通过"氢键"的形式与其他物质结合[138]。氢原子失去价电子形成氢离子 H^+，H^+仅包含氢原子核，原子核外不再有其他电子，是一种特殊的离子形式。H^+具有较强的正电荷，可与其他原子或分子结合，例如，H^+与水分子结合可形成 H_3O^+。氢原子得到一个电子可形成 H^-，H^-与金属离子反应可形成盐型氢化物。氢原子可与其他原子共用电子，形成共价键，如 H_2、HCl 等。氢原子可以与高电负性原子的孤对电子相吸引，形成"氢键"，"氢键"的出现可使氢化合物分子出现特殊的结合形式。

3.1　氢对金属的影响

3.1.1　氢的来源

金属在经历电镀、酸洗、腐蚀、阴极保护等过程时常会伴随氢的产生。原子形态的氢可渗透进入金属材料内部，一部分氢原子相互结合，形成氢分子；另一部分氢原子保留在金属晶格内部或形成金属氢化物。金属材料中的氢可使其产生局部变形，韧性和抗拉强度下降，甚至突然出现破坏断裂。可见，研究氢在金属中的行为及金属中的氢与金属性能的关系具有非常重要的意义。

由于金属材料中氢的作用，金属在较低应力下就能发生断裂，断裂延伸率显著降低，这就是"氢脆"现象。氢原子能失去电子，进入金属材料的电子带中，特别是过渡金属[139, 140]。氢通过许多不同形式对材料产生负面影响，由氢产生的缺陷和破坏主要包括钢中的白点、氢鼓泡、氢诱发裂纹、氢致相变、氢致塑性损失、氢蚀、氢致滞后开裂等。特别是在氢致缺陷与残余应力或外界应力的协同作用下，金属材料更易于在无预兆的情况下突然发生脆断，给工业生产带来巨大损失。

3.1.2　氢在金属表面的吸附、扩散和溶解

金属结构在工业生产过程中经常伴随有氢的溶入，导致金属材料的性能发生改变，如设备的氢脆、氢致开裂等[141]。Thompson 和 Bernstein[142]总结出氢在材料中的输运、形成断裂源导致材料断裂的过程，即氢源中的氢（气态的、溶液中的、化合物分解的）通过吸附、渗透进入材料后，再通过扩散或随位错运动，在金属中的某一局部区聚集，形成断裂源，导致材料的断裂。金属通常对常温常压的气体氢显示出惰性。但在一定的温度或压力条件下，金属会显著吸氢。分子氢进入到金属中需要经历以下几个过程：气体扩散到表面→气体吸附在表面→化学吸附形成原子氢→通过表面渗透→扩散进入金属内，$H_2(gas) \rightarrow 2H(ad) \rightarrow 2H(ab) \rightarrow 2H(sol)$。

1. 氢在金属表面的吸附

1）物理吸附与化学吸附

在金属材料内部，原子间的相互作用力处于平衡状态。但在金属材料的表面，原子的配位数发生改变，表面形貌改变，原子之间的相互作用力不平衡，导致金属的表面能增大。表面能的增大，使其他原子或分子碰撞到金属材料表面发生吸附，降低其表面能。根据表面吸附的选择性、吸附力、吸附热及吸附速率等的不同，可分为物理吸附和化学吸附。

2）氢在纯金属表面的吸附

氢气和金属表面接触，分子氢被吸附到金属表面（物理吸附），然后进一步在表面上分解成原子氢（化学吸附）。氢有强烈吸附于 Fe、Cr、Ni、Mo 等金属表面的倾向。氢在这些金属表面的吸附区别不大，都是分解吸附，并且不存在活化势垒。吸附能与氢的 1s 电子及金属的 s 层电子作用有关，另外，与金属的 d 层电子也有一定作用。正是由于与金属的 d 层电子相互作用不同导致了氢在不同金属表面吸附的差异。总的来说，氢的化学吸附受金属表面的实际成分、表面组元的性质、氢分解和吸附位点的性质等因素的控制。

3）氢超电势对原子氢吸附/脱附的影响

在生产实际中经常遇到的气体电极是氢电极、氧电极。如电解水、重水生产、

燃料电池、电冶金等都会经常碰到氢在电极上的氧化还原反应,尤其是氢的析出。氢超电势有有害的一面也有有利的一面,例如,电解水制备氢气时,当超电势达到 0.3V 时,每生产一吨氢就要多耗费约 8000kW·h 的电能,而对于铅蓄电池,如果不是氢在其上的超电势很大,则无法使用。

氢超电势是各种电极过程中研究得最早也是最多的,但直到现在仍有许多问题不甚清楚。影响氢超电势的因素有很多,如催化镀层材料、催化镀层的表面状态、电流密度、温度、电解质的性质、溶液浓度及溶液的杂质等,因此,超电势测定的重现性一般不好[143]。

Tafel 从实验出发,发现氢析出时超电势与电流密度关系为

$$\eta = a + b \lg i \tag{3-1}$$

后来许多研究者对此关系进行了研究,表明在超电势大于 0.1V 时,此关系成立。大多数金属的 b(实验值)具有比较接近的值,均在 0.10～0.14,但 a 的数值不同,与金属材料、表面状态有关,大致可分为以下三类:①高氢超电势金属,$a=1～1.5V$,主要有 Rh、Cd、Tl、Zn、Ga、Bi、Sn 等;②中氢超电势金属,$a=0.5～0.7V$,其中最主要有 Fe、Co、Ni、Cu 等;③低氢超电势金属,$a=0.1～0.3V$,其中最主要有 Pt、Pd 等铂族金属。

这种分类对电化学实践中选择电极材料有一定的参考价值。例如,在金属材料的氢渗透实验中,则需要选择低氢超电势金属,但是,由于价格太贵,故在实验及实践中采用中氢超电势金属来代替。

有氢析出的反应历程中可能出现的表面步骤主要有:

(1)电化学步骤

$$H_3O^+ + e^- \longrightarrow H_{吸} + H_2O \tag{3-2}$$

(2)复合脱附步骤

$$2H_{吸} \longrightarrow H_2 \tag{3-3}$$

(3)电化学脱附步骤

$$H_3O^+ + H_{吸} + e^- \longrightarrow H_2 + H_2O \tag{3-4}$$

上述反应是在酸性溶液中进行的,若在碱性溶液中,则不是 H_3O^+ 还原,而是 H_2O 还原。式中,$H_{吸}$ 为电极上的吸附氢。如果步骤(1)起控制作用,则称为迟缓放电机理;若步骤(2)为控制步骤,则为复合机理;如果步骤(3)为控制步骤,则为电化学脱附机理。在一定溶液组成的条件下,可由控制步骤写出动力学方程式。上述各种机理的超电势与电流密度的对数都存在线性关系,只是斜率不同,即 Tafel 方程中的 b 值不同。迟缓放电机理的 $b=2.3RT/\alpha F$,α 通常为 0.5,故 25℃时 b 为 0.118。复合脱附机理的 $b=2.3RT/2F$,25℃时为 0.030V。电化学脱附的 $b=2.3RT/(1+\alpha)F$,25℃时约为 0.039。

研究结果表明,Hg、Pb、Cd、Zn、Tl、In、Sn、Bi、Ga、Ag、Au、Cu 等金

属表面上氢的析出属迟缓放电机理。而对于中、低超电势金属，尤其是吸附氢能力较强的金属，如 Pt、Pd、Ni、Fe 等，就不能简单认为属于迟缓放电机理。根据目前的认识，在平滑的 Pt、Pd 电极上，当极化不大时，氢析出过程很可能是复合步骤控制；而在毒化了的电极表面上或当极化较强时则可能是电化学脱附步骤控制。在 Fe、Ni、Co、W 等金属表面上情况较为复杂，迄今未能用简单的反应历程来解释各种实验现象，很可能在这些电极上三种步骤的反应速率相差不大，因而反应历程随电极表面性质与极化条件的变化而改变。氢在阳极氧化反应早期被研究得较少，但是燃料电池的发展促进了对其的研究。氢在光亮铂电极表面上氧化可能分成如下步骤：分子氢溶解和向电极表面扩散；溶解氢在电极上发生化学解离吸附，$H_2 \rightleftharpoons 2H_{吸}$，或电化学解离吸附，$H_2 \rightleftharpoons H_{吸}+H^++e^-$。

电极反应与液相传质速度有关。例如，采用铂电极，在低极化区时，若传质速度小，则是溶解氢扩散控制；若传质速度大，则解离吸附就会成为控制步骤。在磷酸中氢在铂电极上氧化，氢解离为两个吸附氢原子这一步是控制步骤。160℃时，85% H_3PO_4 中铂电极上氢阳极氧化的交换电流密度达 140mA/cm^2。在光亮铂、载体碳上的铂和不用载体的铂上的反应机理都相同，速度仅与表面粗糙程度有关。氢超电势是各种电极过程中研究得最早也是最多的，但直到现在仍有许多问题不甚清楚。影响氢超电势的因素有很多，如催化镀层材料、催化镀层的表面状态、电流密度、温度、电解质的性质、溶液浓度及溶液的杂质等，因此，超电势测定的重现性一般不好。

2. 原子氢在金属中的扩散

氢在金属中的扩散是由于金属晶格中的氢一直在其热力学平衡位置附近做热振动，只有振动的能量大于扩散激活能时，氢才会从一个间隙位置跃迁到另一个间隙位置，从而引起附近晶体点阵发生熵变和局部弹性畸变，进而发生氢的迁移。从本质上看，氢的扩散是在化学势梯度的驱动下从化学势高的地方向化学势低的地方扩散，直至达到平衡。

氢在金属中可能形成固溶体、氢化物、分子状态氢气，也可能与金属中的第二相进行化学反应而生成气体产物存在于金属中。当氢以原子团形式存在时，主要位于应力集中区和位错密集区；当氢以分子状态存在时，主要存在于金属内部的各种缺陷如气孔、晶界、相界、微裂纹、非金属夹杂物等处；当氢以甲烷的形式存在于金属中时，主要是处于金属晶界和相界处；当氢以负离子态存在时，主要处于金属晶格点阵上，并会以化学键的形式与金属原子形成化合物；而当氢以原子态、正离子或金属氢化物状态存在时，则氢主要存在于金属晶格点阵的间隙中。

氢在金属中一般会发生正常扩散和异常扩散两种扩散形式。当氢原子处在点阵的间隙位置时，氢原子从一个间隙位置跳到另一个间隙位置的步骤就是氢原子的正常扩散。异常扩散包括晶界扩散、沿位错管道扩散、隧道扩散等形式。晶界扩散是由于晶粒边界处原子排列不规则、结构松散，因此间隙原子很容易通过这些松散区，即沿晶界扩散所需要的扩散激活能很小，晶界可以成为原子扩散的通道。位错管道扩散指晶粒中存在有大量的位错，它具有一定的宽度，相当于一个管道。位错中心区原子畸变很大、排列不规则，位错管道也是氢原子扩散的一种渠道。此外，如果金属内部的氢化学位不相同，则系统处于不平衡状态，氢原子也会从化学位高的地方向化学位低的地方扩散，直至化学位相同，这是由化学位梯度引起的扩散。当材料受到应力的作用时，也会发生应力诱导的氢扩散。

3. 氢在钢中的溶解

氢溶解平衡时方程为

$$\frac{1}{2}H_2 \Longrightarrow H \qquad\qquad (3\text{-}5)$$

式中，H 是溶解的氢。根据上式可得与氢气平衡的原子氢浓度 c_H。氢在金属中的溶解度取决于它所处的温度和压力，符合 Sievert 方程。

很多文献把金属材料中氢的溶解分为两类：一是与金属材料形成氢化物的溶解，如稀土元素，ⅣB 族、ⅤB 族元素 Pd、Ti 等；二是基本不与金属材料形成氢化物的溶解，如低合金钢、碳钢、纯铁、Cr、Cu、Al 等，此类金属材料中氢的溶解度很低，氢的溶解度与温度、压力有关，符合 Sievert 公式，即随着温度升高和压力增大而升高。需要注意的是，工业用钢中的杂质、晶格缺陷、合金元素等都会大大改变氢的溶解度，只有在几百摄氏度以上，氢不再存在于能量低于 1eV 的能阱中，才又重新符合 Sievert 定律。影响氢溶解度的因素主要有：

（1）晶体结构。氢在面心立方结构中的溶解度大于在体心立方和密排六方中的溶解度，这是由于面心立方的间隙位置体积比后两者大。所以，在钢中，随奥氏体含量的增加，氢的溶解度增大。

（2）合金元素。①C：C 和钢中的氢可以反应生成甲烷气体，因此，一般认为，随 C 含量的升高，氢在 Fe 中的溶解度下降。但有研究发现，当 C 含量大于 4%时，溶解度又略有上升。②Mn：向 Fe 中加入大量的 Mn 可以扩大奥氏体区，增加氢的溶解度。③Ni：氢在 Ni 中的溶解度比在 Fe 中高，因此加入 Ni 可增大氢的溶解度。④Si：一般地讲，随 Si 含量的升高，氢的溶解度下降。

4. 氢陷阱

金属材料内部结构都是不完整的，存在各种各样的缺陷，如位错、晶界、孪晶界、空位、空穴、非金属夹杂、各种溶质原子等。在这些缺陷周围存在各种应变场，当氢原子进入到金属材料内部以后，往往会被这些缺陷所捕获，使氢原子在此处的滞留时间远远长于在正常的晶格间隙位置的滞留时间，从而影响氢原子在金属材料中的扩散和传输。有些氢原子会在这些缺陷处不断聚集，并结合生成氢气、甲烷等气体，当在局部区域造成高氢压时，就会引起金属材料表面鼓泡或形成内部裂纹，使金属材料产生撕裂的现象，称为氢诱发开裂（hydrogen induced cracking）或氢鼓泡（hydrogen blistering），从而影响金属材料的性能。这些缺陷被称为氢陷阱。

氢陷阱的种类可以从不同方面进行划分。根据陷阱与氢之间相互作用本质的不同，可以将陷阱划分为三类：①吸引陷阱。如金属中的溶质原子陷阱（如金属中的钛等）。这类陷阱对氢具有一定的吸引力，能够把氢捕获在它的周围。这种吸引力主要来自其本身的应力场。另外，它附近的化学势梯度、温度梯度及电场力也能够吸引氢原子，但这些吸引力的作用范围是非常小的。②物理陷阱。如相界面和空洞等。当氢原子进入到金属材料中，会随机地分布在这些陷阱当中，由于此类陷阱与氢之间存在相互作用，因此氢在这类陷阱中与在晶格间隙中相比具有更低的能量。③混合陷阱。如晶体中的位错，这些陷阱同时具有吸引陷阱和物理陷阱的特性。

根据陷阱结合能的大小，前人把陷阱分成可逆陷阱和不可逆陷阱两类。可逆陷阱是指陷阱与氢之间的结合能较小，氢能够进入到陷阱当中被捕捉，也能够从陷阱当中逸出而进入到金属点阵间隙当中，即便在室温下也是如此，这类陷阱称为可逆陷阱，如位错、空洞、小角晶界及金属中的溶质原子（如 Ni、Si、V 等）都属于可逆陷阱。不可逆陷阱是指陷阱与氢之间的结合能很大，原子氢一旦被这类陷阱捕获，通常在室温下，将很难能从这类陷阱中逃出，如 TiC、Fe_3C 和大角晶界都属于不可逆的氢陷阱。对于第一种分类中的三种陷阱，一般情况下物理陷阱属于不可逆陷阱，而吸引陷阱和混合陷阱属于可逆陷阱。但这种可逆陷阱与不可逆陷阱的分类也是相对的，具体可逆和不可逆还受温度等条件的影响。温度越高，氢越容易从陷阱中逃逸。

根据捕获氢原子能力的大小，可以分为饱和陷阱和不饱和陷阱。对于晶界、杂质原子、位错等，由于其捕捉氢的能力有限，最终可以达到饱和状态，这样的陷阱称为饱和陷阱。而对于空洞来说，氢原子会在其中不断积聚，而且洞中的氢浓度会随着点阵中氢浓度的升高而升高,不会达到饱和,这样的陷阱称为不饱和陷阱。

5. 氢扩散行为的测量

分析氢在金属材料中的扩散行为,对于深入理解氢渗透和氢脆机制,防止或避免突发性氢致开裂的出现具有重要意义。测定氢在材料中扩散行为的方法有很多,主要包括单粒子法、渗透法等。

1)单粒子法

采用单粒子法可以反映单个粒子在金属中的扩散行为。单粒子法又分为准弹性中子散射法、核磁共振法和穆斯堡尔谱法等。

(1)准弹性中子散射法[144, 145]。如果金属质子处于扩散状态,那么金属质子反射回的中子谱线中尖锐峰的半宽正好与质子在金属材料中的扩散系数成正比,根据这个关系就可得到氢在金属材料中的扩散系数。该方法仅仅适合于氢浓度很高的情况。

(2)核磁共振法[146]。氢原子的扩散使核磁共振吸收谱线产生变化,根据这个变化可以计算氢在材料中一个间隙位置的停留时间及扩散跃迁的距离。这种方法仅适用于顺磁材料,且对材料内部的氢浓度有一定要求。

(3)穆斯堡尔谱法[141]。扩散原子在邻近穆斯堡尔原子位置跃迁时引起平衡位置突变进而在穆斯堡尔谱上产生新的谱线,根据该谱线的位置可以求解间隙原子扩散跃迁的频率。

2)渗透法

渗透法[147]令氢从充氢侧进入,经材料内部扩散,最后从出氢侧逸出,检测这一过程,可得到氢在材料中的扩散系数。根据材料所处环境中含氢量的差异,可将渗透法分为电化学渗透法和气相渗透法。通常,气相渗透法是指超高真空气相氢渗透方法,实验温度范围较宽,可从室温到 800℃,一般用于高温下氢在材料中扩散系数的测定。然而这种方法也存在诸如实验装置复杂、操作步骤繁琐、实验成本较高等缺点。相对气相渗透法,电化学氢渗透法具有更简单的实验装置、更简便的操作流程和较高的灵敏度。

根据实验时的边界条件,又可将电化学渗透法分为逐步法、电化学交流法、非稳态时间滞后法等。

(1)逐步法[148]。假设初始时氢在材料中均匀分布。$t=0$ 时,在试样充氢侧施加某一恒定氢浓度,在试样出氢侧测试氢浓度随时间的变化,从而得到氢的扩散系数。该方法能够通过逐步增加充氢侧浓度,进而获得氢浓度与扩散系数的关系。

（2）电化学交流法[149]。充氢时，在充氢侧施加直流电流的基础上，再叠加一个很小的交流电，这样就会使充氢侧进入材料的氢浓度随叠加交流电的变化发生周期性变化。在出氢侧施加一个恒定电位并记录氢电离电流-电位曲线，从电流-电位曲线中可以得到氢在试样中扩散时充氢侧与出氢侧的相位差，从而获得氢的扩散系数。

（3）非稳态时间滞后法[150-152]。假设初始时试样中氢浓度为零或分布均匀。实验开始后，在试样充氢侧施加一个恒定充氢浓度，在试样出氢侧施加一个恒定电位，将从充氢侧扩散而来的氢原子瞬间电离，保证该侧的表面氢浓度为零。采用电化学工作站持续记录试样出氢侧电离电流随时间的变化曲线，根据所测的电流-时间曲线求解氢在材料中的扩散系数。

3）其他方法

除上述方法外，测量氢渗透行为还有一些其他方法，包括显微硬度法[153, 154]、循环伏安法[155, 156]、放氢曲线法[157]、真空释放法[158]等。显微硬度法首先对试样的一侧进行恒电流充氢，然后沿着氢扩散的方向在试样的横截面上取点分别测量其显微硬度，绘制显微硬度-位置曲线，根据相关扩散方程求解扩散系数。循环伏安法首先测定在不同的电位扫描速度下被测充氢试样的循环伏安曲线，然后根据实验结果绘制电流峰值与电位扫描速度平方根的关系曲线，最后根据相关方程求解氢在被测试样中的扩散系数。真空释放法预先将氢的试样置于真空室中，测量试样中氢的释放速率，根据氢的释放速率-时间关系曲线，结合有关扩散方程求解获得氢的扩散系数。

虽然采用很多方法都可以测定氢在材料中的扩散行为，但是每一种方法都有其特定的使用条件和局限性，近年来，氢在材料中扩散行为的测定方法一般采用超高真空气相渗透法和电化学氢渗透法中的非稳态电流时间滞后法两种。

通常，金属材料内部的微观组织不是完全均匀规则的，其中总是存在各类缺陷，这些微观晶格缺陷包括位错、晶界、孪晶界、非金属夹杂、气泡、空穴等。在初次充氢的实验材料一侧施加某一恒定氢浓度之后，进入材料的氢一部分被这些微观结构缺陷（或称氢陷阱）俘获，氢原子将所经之处的氢陷阱填充完毕之后，后续进入的氢原子才能在晶格中继续进行扩散[159, 160]，这就严重影响了氢在材料中的扩散与传输，使氢在材料中的扩散相对滞后和缓慢，且材料充氢侧停止充氢后，测试得到的衰减曲线也并非完全与理论曲线相符，而是相对理论曲线衰减趋势有所放缓。前者的主要原因是扩散到材料中的一部分氢被氢陷阱俘获，延缓了氢在材料中的扩散和传输，后者的主要原因是脱氢时被陷阱捕捉的一部分氢从氢陷阱处被释放出来。另外，由于试样充氢侧材料性能发生缓慢改变，这种性能变化也会影响到氢向材料内部渗透的速度，在试样充氢侧给定某一充氢电流值后，试样充氢侧表面氢浓度并不能立即达到恒定浓度，充氢侧表面氢浓度达到恒定值需要一定的时间，这一点与理论曲线假设的在充氢侧瞬间达到所设定的氢浓度不同，这就造成阳极侧所测得的电流值并未按照理论曲线变化，而是出现了偏差。因此按照假设的初始和边界条件及理论曲线所得到的结果，通常是具体实验过程做不到的[161]。这些干扰因素导致通过电化学渗透技术获得的氢的扩散系数和浓度与氢在材料中的实际扩散系数和浓度值之间存在较大偏差，通过这样的方法获得的氢的扩散系数通常被称为"有效扩散系数"[161-164]。在初次充氢过程中，材料中的氢陷阱对氢的扩散传输影响很大。当初次充氢过程达到稳态后，材料中的一部分陷阱被氢完全占据，达到饱和。因此在之后的充放氢过程中，氢陷阱对氢在材料中的扩散传输过程影响降低。

常庆刚等[165]研究了氢在纯净钢中的扩散规律，在三次充氢实验中，由于纯净钢材料中氢陷阱的存在，初次充氢试样中的氢穿透时间最长，且扩散系数最低。因此，研究氢在金属材料中的渗透与扩散行为时，应充分考虑氢陷阱可能起到的作用与影响。在求解氢在某种材料中的有效扩散系数时，一般不建议采用首次实验时的氢渗透积聚实验曲线。

3.2 氢脆现象及其研究方法

3.2.1 氢对金属材料性能的影响

进入钢中的氢在与材料中的残余应力或外加应力的协同作用下，会给金属的性能造成一定的损伤，即所谓的氢损伤。氢损伤有暂时的也有永久的。暂时的氢损伤在氢逸出钢材后，受损伤的性能可以恢复，而永久的氢损伤对性能的损伤是不可逆的，在氢离开金属后性能仍不可恢复。1976 年，Hirth 和 Johnson 在大量研究的基础上把氢损伤分为七类，即氢脆、氢蚀、氢鼓泡、显微穿孔、发纹或白点、流变性能退化和形成金属氢化物。其中氢脆是最常见的一类，氢脆可分为氢应力开裂、氢环境脆化和拉伸延性丧失三种类型。

金属的氢脆主要分为两类：第一类氢脆的敏感性随形变速度的提高而增加，第二类氢脆敏感性随形变速度的提高而降低。这两类氢脆的主要区别是前者在材料加载荷之前已经存在氢脆源，而后者在加载荷之前并不存在氢脆源，主要是由于氢与应力产生交互作用后才形成的。

氢脆问题由来已久，针对氢脆在不同环境中的产生原理和作用机制，各国学者进行了广泛而深入的研究探索[166-168]。随着氢脆理论的不断发展与完善，研究人员通过氢脆理论来探讨和解释实际工业生产过程中遇到的某些失效现象。例如，在石油化工工业中，石油管道和设备时常发生氢致开裂现象，氢致开裂现象属于低应力脆性破坏的一种，断裂前很难观察到宏观上的塑性变形，事故发生往往没有征兆。石油工业中常用的物料多具有腐蚀性，因此学者们试图通过研究石油管线设备内部腐蚀介质与材料氢脆机理的关系来解释相关金属材料的脆断现象，如卢志明等[169]研究了含硫化氢的介质对 16MnR 钢应力腐蚀断裂敏感性的影响。

氢致开裂是影响重大的脆断现象之一，原子氢在合金晶体结构内的渗入和扩散导致脆性断裂现象的发生，氢致开裂现象有时又被称作氢脆或氢损伤。但严格意义上讲，氢脆主要是指金属韧性的降低，而氢损伤除涉及韧性降低和开裂现象外，还包括金属材料其他物理性能或化学性能的下降，因此含义相对更广泛。

1. 第一类氢脆

第一类氢脆，主要包括以下三种类型：

1）氢蚀

主要存在于石油高压加氢及液化石油气的设备中。其作用机理是在 300～500℃内，由于高压氢与钢中碳作用在晶界上生成高压 CH_4 而使材料脆化。实验证明，要降低氢蚀宜采用经充分球化处理的低碳钢，钢液不宜采用 Al 脱氧（其脱氧产物 Al_2O_3 易成为 CH_4 气泡的核心），并尽可能加入 V、Ti 等元素使碳固定。

2）白点

在重轨钢及大截面锻件中最常见。这是由于钢在冷凝过程中氢溶解度降低而析出了大量的氢分子。它们会在锻造或轧制的过程中产生高压氢气泡，在以较快速度冷却时由于氢来不及扩散到表面逸出，于是在高压氢分子和应力（热应力或组织应力）的共同作用下会产生白点等缺陷。主要通过缓冷或在钢中加入稀土、V、Ti 等元素来减轻这类氢脆。

3）氢化物氢脆

由于ⅣB 族（Ti、Zr、Hf）和ⅤB 族（V、Nb、Ta）金属极易生成氢化物，氢化物是一种脆性相，它与基体存在较弱的结合力，由于它及二者间弹性和塑性的不同，因此在应力作用下会形成脆断。

2. 第二类氢脆

近年来关于第二类氢脆（可逆性氢脆）的研究逐渐增多。第二类氢脆是由静载荷持久实验所产生的脆断。含氢材料在持续应力的作用下，经过一段孕育期后会形成裂纹，存在着一个亚临界裂纹的扩展阶段，当外界应力低于某一极限值时，可使材料保持长期不断裂，此极限值与疲劳极限相似。

氢脆的敏感性随应变速率的增大而降低，即加载前材料中不存在裂纹源，加载后在应力和氢的交互作用下逐渐形成裂纹源，最终导致脆性断裂。第二类氢脆包括应力诱发氢化物氢脆和可逆氢脆两种。应力诱发氢化物氢脆是指在能够形成脆性氢化物的金属中，当氢含量较低或氢在固溶体中过饱和度较低时，尚不能自发形成氢化物，而在应力作用下，氢会向应力集中处富集，当氢浓度超过临界值时就会沉淀析出氢化物。这种应力诱发的氢化物相变只在较低的应变速率下出现，并由此导致脆性断裂。一旦出现氢化物，即使卸载除氢，静置一段时间后再高速变形，塑性也不会恢复，因而它属于不可逆氢脆。可逆氢脆是指含氢金属在高速变形时并不显示脆性，但在缓慢变形时由于氢逐渐向应力集中处富集，在应力与氢的交互作用下导致裂纹形核、扩展，最终产生脆性断裂，在未形成裂纹前去除载荷，静置一段时间后高速变形，材料的塑性可以得到恢复，即应力去除后脆性消失，因此称为可逆氢脆。由内氢引起的可逆氢脆称为可逆内氢脆，由外氢引起的称为环境氢脆。

可逆氢脆（滞后破坏）的发生与金属的晶体结构无关。其共同特征是只在一定温度范围内发生（-100～100℃）；氢脆敏感性与形变速度有关，形变速度越大，敏感性越小，当超过某一临界速度时，则氢脆会完全消失，氢脆的断口大多平滑，多数是沿晶断裂。可逆氢脆可以在含氢的材料中发生（内部氢脆），也可在含氢的介质中发生（环境氢脆），二者的实验条件不同，但表现出的氢脆特征则是基本相同的。环境氢脆的内容十分广泛，环境介质除了 H_2、H_2S、H_2O 以外，还有其他各种碳氢化合物和各种水溶液。因此，广义的环境氢脆是包括各种水溶液的应力腐蚀。氢对金属的机械性能影响最严重且普遍存在的是氢脆，这就意味着金属中充入一些氢后，负载-时间函数关系上对引起机械失效所需要的功减小。这种减小可表现为金属可承受的静负载量的减少、拉伸（应变）限度的减小而引起的失效、破裂传播速率的增加和负载-非负载循环次数的减少。最重要的是要认识到氢的这种效应依赖于复杂并相互作用的方式，对于给定的合金组分，这些因素有纯净度、微结构、杂质分布和相分布、机械历史（如形变的程度和种类）、表面化学和几何学（如凹坑）等。尤其对某些金属（如高强度钢）不足百万分之一的氢含量就足以引发灾难性的氢脆[170]。而对另一些金属（如 Nb、Ta），最严重的氢脆只有当氢浓度足够高并足以形成氢化物时才会发生。

一般认为，氢对金属材料的影响是有害的，但是除了负面影响外，研究者利用氢溶入金属并会与金属形成氢化物的这一特点，制造出具有高密度的储氢材料。另外，钛合金通过热氢制程可以使得到的晶粒细化从而改善显微结构[171]。

3.2.2 氢致开裂机理

关于氢脆的机理，尚无统一认识。研究者做了大量关于氢致开裂的机理研究工作，实质是氢进入材料内部从而导致裂纹更容易扩展。其机理主要有：①氢压理论；②表面能降低理论；③弱键理论；④局部塑性变形理论。这些理论从氢的吸附到氢的进入直至氢致断裂产生，从不同角度对断裂的原因进行了分析，但对于具体环境的断裂理论，仍需要进行具体分析。各种理论的共同点是氢原子通过应力诱导扩散在高应力区富集，只有当富集的氢浓度达到临界值 C_{cr} 时，致使材料断裂应力 σ_f 降低，才发生脆断。目前较为普遍的观点有以下几种。

1. 氢的扩散机理

裂纹尖端处于阴极区，由于阴极反应的结果，使介质中的氢离子得电子后还原成为氢原子，一部分氢原子进一步结合形成氢气后逸出，一部分氢原子向金属材料内部扩散。氢原子在金属中的扩散，有浓差扩散和应力扩散等形式。裂纹尖端高应力塑变区容易产生晶格缺陷的聚集，这些晶格缺陷与氢发生交互作用，使氢在此区域内产生高浓度聚集，从而使该区域的金属出现脆化现象。

2. 氢压理论

在 H_2 环境中，H_2 分解成 H 进入金属，其浓度与氢分压成正比，反过来，如果溶解在金属中的 H 进入某些特殊区域（如夹界或第二相界面，空位团），就会复合成 H_2，即 $2H \longrightarrow H_2$，这时该处的 H_2 压力 p 就和 C_H^2 成正比，但由于 H_2 不是理想气团，压力较高时要用逸度 f 代替，即

$$f = (C_H / S)^2 = C_H^2 \exp(-2\Delta H / RT) \tag{3-6}$$

当局部区域 C_H 很高时，按上式算出的逸度及其换算所得压力值也很大，当其值等于原子键合力 σ_{th} 时，会使局部地区的原子键断裂而形成微裂纹。高逸度电解充氢时，充氢过程中会产生氢鼓泡（出现在表层）或氢致微裂纹，这些缺陷的形成与外加应力关系不大，形成过程也没有滞后时间（即不需要应力诱导扩散、富集），形成原因是氢压逐渐增大至与原子间键合力相当，从而造成材料破坏。氢压理论能够成功解释钢在电解充氢过程中裂纹[172, 173]、白点[174]及钢在硫化氢溶液中裂纹的产生原因。但对于不可逆损伤，如氢致可逆塑性损失及氢致滞后开裂，仅凭氢压理论则无法进行系统解释。

3. 表面能降低理论

1952 年，Petch 和 Stabls 提出了氢降低表面能理论[175]。材料断裂时将形成两

个新的表面，对于完全脆性的材料，断裂时所需的外力做功等于新表面形成所需的表面能。当裂纹尖端区处于阴极状态时，由于阴极反应的结果，裂纹尖端位置将产生大量的氢原子，根据断裂力学的观点，处于高应力裂纹尖端的表面能够被氢原子有效吸附，而这些吸附在材料表面的氢会使材料表面能降低，使断裂所需临界外应力下降，引发氢脆现象。该理论并没有考虑塑性变形功的作用，因而并不适用于金属材料。到了 70 年代，McMahon[176]修正了这一理论。他采用 Orowan 判据并考虑材料局部塑性变形因素，推导出了塑性变形功 Γ_p 和表面能 Γ 之间的关系。同时，氢降低表面能理论依然存在一些问题：一方面，氢吸附后表面能降低的物理本质尚不清楚；另一方面，这一理论忽视了局部塑性变形在断裂过程中的主导作用。

4. 弱键理论

弱键理论认为氢进入材料后能使材料的原子间键力降低，原因是氢的 1s 电子能够进入过渡金属原子的 d 带，使得过渡金属原子 d 带电子密度升高，s 与 d 带重合部分增大，因而原子间排斥力增加，即键力下降。该理论简单直观，容易被人们接受。但是该理论实验证据尚不充分，如材料的弹性模量与键力有关，但实验并未发现氢对材料的弹性模量有显著影响。此外，铝合金也能发生可逆氢脆，而铝原子并没有 3d 带，弱键理论并不能很好地解释铝合金的氢脆现象。

5. 氢促进局部塑性变形理论

氢促进局部塑性变形理论是由一系列断口形貌研究结果[177]和随后的金相及透射电镜原位跟踪实验结果[178-180]分析得出的。该理论认为，氢能促进位错的增殖并对位错运动产生影响，使得局部地区（如裂尖、无位错区、位错塞积群前端）的应力集中 σ_y 等于被氢降低了的原子键合力 $\sigma_{th}(H)$，从而导致氢致微裂纹在该处形核，微裂纹中的 H 原子复合形成 H_2，产生氢压，它能使微裂纹稳定化，同时也能与金属中的局部应力共同作用，促进解理扩展。该理论同时考虑了氢促进局部塑性变形，氢降低原子键合力及氢压作用。

该理论表明，微观意义上，氢能够对位错的增殖和运动产生影响；宏观意义上，氢能够使门槛应力 τ_c（或应力强度因子）降低，下降至 $\tau_c(H)$。

$$\tau_c = \tau_f + \sigma_{th}(4L/3C)^{1/2} \qquad (3-7)$$

$$\tau_c(H) = [\tau_f + \sigma_{th}(H)(4L/3C)^{1/2}]/K \qquad (3-8)$$

同时，临界断裂应变也相应下降，从而使材料变脆。因为只有当氢原子通过应力诱导扩散富集达到临界值 C_{th} 时，才会明显促进局部塑性变形并使应变高度局部化，同时也使 $\sigma_{th}(H)$ 明显下降，从而在较低的外应力下就能导致材料开裂。

3.2.3　氢脆的研究方法

根据实验原理的不同，氢脆的研究方法[181]可分为氢渗透法、力学法和物理法等。

1. 氢渗透法

Devanathan-Stachurski 双面电解池技术[182]是氢渗透实验中最常用的技术。一般双电解池采取两室设计，其中一室用来充氢，另一室用来检测氢渗透电流，两室中间用试样隔开，充氢面供研究用即研究面，充氢方式根据不同的研究情况可采取气相充氢、电化学充氢、环境自充氢等。测氢面先经过适当的表面处理，然后镀上一层很薄的钯或镍[183]。在测氢面电解池内注入一定浓度（常为 0.2mol/L）的氢氧化钠溶液，并以 Hg/HgO/0.2mol/L NaOH 电极体系作为参比电极，调节恒电位仪，使测试面电位相对于参比电极具有某一电位，此电位能够使渗透过来的氢发生氧化，在研究面电解池中注入研究溶液（有些研究者在其中加入 As_2O_3 等氢渗透促进剂），调节恒电流装置，使研究面的阴极电流密度保持一定数值，由恒电位仪记录测试面的电流密度，通过电流密度-时间曲线求得氢在研究材料中的渗透特性[184]。一般都假设金属薄片的氢渗透由扩散过程控制，采用由菲克第一定律和菲克第二定律得出的时间滞后模型计算有效扩散系数。

Devanathan-Stachurski 双面电解池法，实验装置简单、测量过程方便，特别适用于试样扩散系数较大的情况，但不太适用于较薄和扩散系数较小的试样。而且由于存在氢的浓度达到稳定值后不随时间变化这一假设，测量得到的氢渗透系数存在较大的误差。为此，张利、印仁和等[149]采用电化学交流法，以氢在试样中的非稳态扩散为出发点，设定与前人不同的阴极边界条件求解菲克第二定律，从而得出更接近于纯铁薄试样中氢扩散系数的结果。此外，通过采用熔融电解液，可以测定高温条件下氢的渗透系数。

张学元等[185]研究了 16Mn 钢在 H_2S 溶液中的氢渗透行为，得到了稳态氢渗透电流 I_H 与 H_2S 浓度的关系，认为温度对 H_2S 扩散的影响主要表现在扩散系数上。氢在金属中的扩散速率受氢陷阱的影响，取决于陷阱的大小和分布、氢与陷阱结合能的大小等[186]。

2. 力学法

延迟断裂实验在探讨氢脆机理、评价材料在特定环境中的氢脆敏感性方面起着重要的作用，是针对氢脆重要的力学研究方法。几乎所有的氢脆研究都用到延迟断裂实验，一般加速延迟断裂实验可分为恒载荷和恒应变实验、慢应变速率拉伸实验、断裂力学实验、断裂临界氢含量测定等。通过恒载荷和恒应变（拉伸、弯曲）实验，能够得到延迟断裂临界应力（门槛值或一定时间下的断裂应力）或断裂时间；通过慢应变速率拉伸实验（SSRT），能够得到断裂应力和塑性参量；通过断裂力学实验，采用预制疲劳裂纹的试样能够得到临界应力场强度因子 K_{IH} 或 K_{Iscc} 及裂纹扩展速率 da/dt 等断裂力学参量。

从应力加载方式来看，又可将加速延迟断裂实验分为恒应变（恒位移）、恒载荷和慢应变速率实验三种。试样受力方式以弯曲应力和拉伸应力为主。在这些方法中，慢应变速率拉伸实验（SSRT）具有操作快速、可研究断裂的全过程并可在研究介质中实验等优点，被越来越广泛地采用。通过分析拉伸曲线可得到屈服强度、抗拉强度、断后伸长率等力学参数，进而对材料的氢脆敏感性做出评价。

评定氢脆的力学实验方法主要有如下几种[187]。

1）弯曲次数法

采用特制的夹具对板状待测试样进行一定角度的弯曲（通常是 120°），直至试样断裂，记录弯曲总次数 n，则脆性系数 α 可用式（3-9）表示：

$$\alpha = \frac{n_{空} - n_{氢}}{n_{空}} \tag{3-9}$$

式中，$n_{空}$ 是不含氢时试样断裂之前的弯曲次数；$n_{氢}$ 是充氢试样断裂前的弯曲次数。若 α 为零，说明金属对氢脆不敏感；若 α 接近 1，则说明试样对氢脆极为敏感。

2）断面收缩率比较法

对所选拉伸试样，在一定的拉伸速度下进行拉伸实验，测量试样断裂时的断面收缩率 ψ，其脆性系数可用式（3-10）表示：

$$\alpha = \frac{\psi_0 - \psi}{\psi_0} \tag{3-10}$$

式中，ψ_0 是空白试样的断面收缩率；ψ 是含氢试样的断面收缩率。α 在 0~1 变化，α 越小，说明氢脆敏感性越小。

3）慢应变速率法

Parkins 和 Honthorne 等[188, 189]提出了慢应变速率实验（slow strain rate test，SSRT）方法，它是一种常用的应力腐蚀敏感性实验室实验方法[190]。1977 年这种方法被统一命名为 SSRT。作为实验室实验方法之一，慢应变速率拉伸法最初被应用于快速选材、判断不同合金成分和组织结构等对应力腐蚀敏感性或对各类电化学参数的影响等。近年来，这种方法已用于理论研究，并被 ISO 和 ASTM 认定为判断应力腐蚀开裂的一种标准方法。SSRT 方法解决了传统应力腐蚀实验在某些环境中不能迅速激发 SCC 的问题,确定了延性材料 SCC 敏感性的快速实验方法。由于这种实验方法具有可大大缩短应力腐蚀实验周期,且可以采用光滑小试样等一系列优点,因而被广泛应用于多种材料-介质组合的应力腐蚀行为研究[191-200]。

有研究者[201]认为,在发生 SCC 的体系中,应力的作用是促进了应变速率,真正控制 SCC 裂纹发生和扩展的参数是应变速率。事实上,在恒载荷和恒应变实验中及在实际发生 SCC 的设备部件中,裂纹扩展的同时也或多或少地伴有缓慢的动态应变,应变速率取决于初始应力值和控制蠕变的各冶金参量。微观显微分析表明,SCC 是通过外加应力所产生的滑移台阶上的腐蚀产生的,某一体系的 SCC 只在特定应变速率范围内才容易体现出来。

应变速率是慢应变速率拉伸实验中的关键变量。一般发生应力腐蚀的应变速率范围为 $10^{-4} \sim 10^{-7} \mathrm{s}^{-1}$,在这一范围内,裂纹尖端将发生变形、溶解、成膜和扩展等过程,处于产生应力腐蚀破裂的临界平衡状态[202]。

进行慢应变速率拉伸实验时,除特殊情况外,通常使用标准拉伸试样(ASTME8),其标距长度、半径等均有详细、明确的规定。由于 SSRT 方法本身就对应力腐蚀开裂具有一定的加速作用,因而该方法对实验介质的要求通常并不苛刻,可以直接采用实际应用的介质。

单轴拉伸方法是慢应变速率拉伸实验最常见的加载方法。这种加载方法,是在拉伸机上将试样的卡头以一恒定速度移动,使试样发生慢速应变,其应变速率一般在 $10^{-3} \sim 10^{-7} \mathrm{s}^{-1}$ 范围内变化,直至把试样拉断。图 3-1 中即为一种单轴慢应变速率拉伸实验机。单轴向拉伸实验机通常应当具备以下功能:①在实验过程所需载荷范围内,设备有足够的刚性,不致变形;②应能够稳定、准确可重复地调节恒应变速率,调节范围为 $10^{-4} \sim 10^{-8} \mathrm{s}^{-1}$;③具有能控制实验条件的容器及其他基本控制装置、记录装置等。

慢应变速率实验结果通常与在不发生应力腐蚀的惰性介质(如油或空气)中的实验结果进行比较,以两者在相同温度和应变速率下的实验结果的相对大小表征所测试样应力腐蚀敏感性。主要有以下几个评定指标:

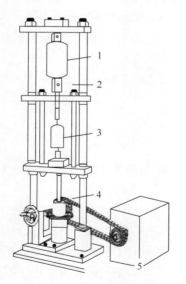

图 3-1　典型的慢应变速率拉伸机

1-测力传感器;2-移动式支架;3-腐蚀电解池和试样;
4-涡轮牵引装置;5-恒速源

（1）塑性损失：用腐蚀介质和惰性介质中的延伸率、断面收缩率的相对差值来度量应力腐蚀敏感性。根据采用的塑性指标不同，可分为 $F(\delta)$ 和 $F(\psi)$，它们分别可以用式（3-11）和式（3-12）表示：

$$F(\delta) = \frac{\delta_0 - \delta}{\delta_0} \times 100\% \qquad (3-11)$$

$$F(\psi) = \frac{\psi_0 - \psi}{\delta_0} \times 100\% \qquad (3-12)$$

式中，$F(\delta)$，$F(\psi)$ 分别是以延伸率和断面收缩率表示的应力腐蚀敏感性指数；δ_0，δ 分别是惰性介质和腐蚀介质中的延伸率；ψ_0，ψ 分别是惰性介质和腐蚀介质中的断面收缩率。

（2）吸收的能量：应力-应变曲线下的面积代表试样断裂前吸收的能量。惰性介质和腐蚀性介质实验中试样所吸收能量差别越大，应力腐蚀敏感性差别也越大。此时应力腐蚀敏感性指数 $F(A)$ 可以按式（3-13）定义：

$$F(A) = \frac{A_0 - A}{A_0} \times 100\% \qquad (3-13)$$

式中，$F(A)$ 是以应力-应变曲线下面积表示的应力腐蚀敏感性指数；A_0，A 分别是惰性介质和腐蚀介质中断裂前吸收的能量。

（3）断裂应力 σ_c：在腐蚀介质中和惰性介质中的断裂应力比值越小，应力腐蚀敏感性就越大。

（4）断裂时间：从开始实验到载荷达到最大值时所需的时间就是断裂时间。当应变速率相同时，腐蚀性介质中和惰性介质中断裂时间比值越小，则应力腐蚀敏感性越大。应力腐蚀敏感性指数 $F(t)$ 定义为

$$F(t) = \frac{t_f}{t_{f_0}} \times 100\% \qquad (3-14)$$

式中，$F(t)$ 是以断裂时间表示的应力腐蚀敏感性指数；t_{f_0}，t_f 分别是惰性介质和腐蚀介质中的断裂时间。

研究 SCC 行为、规律和机理时，还经常辅以金相观察、断口分析和扫描电子显微表征等多种现代研究分析手段。

此外，还有一些研究者通过建立拉伸数值模型的方法来模拟研究拉伸实验过程。例如，A.T. Kermanidis 等[203]通过采用边界元数值分析计算方法，综合考虑各项参数，对 2024T351 铝合金的拉伸性能进行计算，得出了与实验相一致的结果。通过拉伸实验，可以定量研究氢对金属脆断的影响程度，如果再与氢渗透实验、断面失效分析等其他手段相结合，可以综合研究不同环境下氢致裂纹扩展的机制，

进而得出氢脆发生机理，它是一种重要、有效、通用的氢脆研究方法。

3. 物理法

　　物理法主要包括断口分析技术，扫描电子显微镜（SEM）是其常用的分析仪器。金相分析和能谱分析结果常被用来探讨裂纹形成机理。透射电镜和 X 射线衍射技术也被用来对氢脆过程中金属组织结构的变化做出判断鉴定。断口分析技术在氢脆研究中有着不可替代的作用，通过断口分析可以判定断裂的性质、寻找破坏的原因，进而研究断裂机理、提出防止断裂事故的具体措施。

　　断口分析有宏观分析和微观分析两类，宏观分析可以从整体上初步判断断裂的概况，微观分析可以对断裂的萌生和发展过程进行更细致的探究。氢脆引起的断裂一般呈现部分脆性断裂的特征，如韧窝尺寸小、深入浅、数量多，断裂面出现撕裂棱，呈现准解理特征等。刘白[204]在对 30CrMnSiA 高强度钢氢脆断裂机理的研究过程中发现几种典型的氢脆断口特征：①氢脆准解理断口，它又分为两种形式，穿条或沿条氢脆准解理，解理小刻面周围有明显的撕裂棱或韧窝带等塑性痕迹；穿束氢脆准解理具有不明显的撕裂棱、条状花样和亚裂纹等形态。②氢脆沿晶断裂，晶界上有小孔、撕裂棱等痕迹。

　　总之，在进行断口分析时，根据不同的研究目的，可以选择适当的分析方法和技术，通过各种方法和技术的有效组合，对实验现象进行综合、全面、系统地解释说明，进而得出合理正确的结论。

4. 其他方法

　　在氢脆研究中，氢浓度的准确测定有着非常重要的意义。金属中氢含量的测定可以通过以下方式进行：采用热分解技术将氢从热处理后的金属试样中分离出来，然后运用氢测量技术测出氢含量，它是一个复杂但非常有意义的步骤，在氢脆机理的定量研究中能够起到至关重要的作用。S. Jayalakshmi 等[205]运用热重分析仪（TGA），通过程序升温加热（加热速率 0.67K/s），使氢从试样中分离逸出，再通过质谱仪（MS）测定氢含量，绘制出氢含量与充氢时间关系图、氢含量与温度关系图，得出氢含量与充氢时间的非线性关系和氢在不同温度下的逸出情况。王毛球等[206]运用 TDS（thermal desorption spectrometry）测氢技术，在真空中将试样以 100K/h 的升温速度加热到 1100K，利用四重极质谱仪测定氢的析出速率，通过累积计算氢含量，研究发现可扩散氢与充氢条件有关，根据氢的析出峰值温度与加热速度的关系，计算出不同峰值处析出氢的激活能，发现 600K 以下析出的可扩散氢主要来自实验材料中的晶格、晶界、位错等位置。S. M. Beloglazov[207]运用电化学阳极溶解法绘制氢浓度分布图，发现被测试样中金属吸收的氢都存在于金属表面的薄层中，在材料承受静应力或动应力时，正是这些集中于材料表面的氢对材料的力学性能造成了影响。

此外，为了研究不同体系中的氢脆和氢渗透情况，取得有针对性的结果，还可以采用很多其他技术。例如，为研究氢脆中裂纹的扩展过程，可采用 AET（acoustic emission techniques）技术，该技术可以提供裂纹生长的信息，在氢脆研究中取得了很好的效果。在研究大气环境中的氢脆行为时[183, 184, 203-208]，干湿循环法和薄液膜法都是常用方法。为了获得全面、可靠的研究结果，须采用不同的实验方法。

总之，在氢脆的研究中，根据具体的研究体系，可采用不同的可实施性研究方法，其他领域中的研究方法技术也可被借鉴，特别是随着检测和测量技术的快速发展，各种物理、化学、光学乃至声学等检测手段的成熟，许多新方法也越来越多地被采用，为进一步揭开氢脆的机理和更好地预防氢脆，提供了准确、迅速、简便、直观的技术。随着计算机技术的发展，越来越多的计算模拟方法也进入到氢脆研究中来。氢脆研究是一个交叉边缘学科，需要多领域的合作和多技术的联合才能取得更准确的成果。

随着科学技术的发展和多种物理、化学、光学、声学分析测试手段的不断成熟，许多新方法可以为氢脆研究所借鉴和应用。而计算机和数值模拟技术的发展也为更深刻、更高效地理解材料中的氢渗透行为提供了条件。未来的氢渗透研究，势必在现有基础上取其他学科之长补己之短，多手段、多渠道深入透彻地理解氢脆机理和氢脆行为。

3.2.4　氢脆的影响因素[181]

1. 环境因素的影响

氢脆是特定材料在特定环境下的脆断现象，是环境与材料相互作用的结果。敏感材料在含有氢元素的环境中都有可能发生氢脆，影响氢脆的环境因素包括温度、pH、氧化还原电位、特殊离子、气体化合物等。

（1）温度：氢脆一般发生在 $-100 \sim 150$℃范围内，在室温附近 $-30 \sim 30$℃最敏感，低温或高温时氢脆敏感性降低。随温度的升高，氢在金属中的溶解度、扩散速率升高。升高温度不仅有利于氢渗透过程，也有利于氢的复合。温度主要通过影响材料中的氢浓度、氢扩散速率的方式从而影响材料的氢脆。

（2）pH：pH 的大小是 H^+ 的含量的表达方式之一，改变 pH 进而可能影响氢的生成，但 pH 对氢脆的影响规律并非是简单的 pH 越低氢脆越容易发生，pH 对不同材料和不同介质的组合会有不同的影响。通常情况下，由于 pH 降低 H^+ 增多，有利于氢的产生，氢脆敏感性升高。但 E. M. K. Hillier 等研究发现，电镀中 pH 降低有利于形成能对氢脆产生抑制作用的相，从而降低了材料的氢脆敏感性。虽然在高 pH 条件下 H^+ 含量较少，但氢依然可能不断生成，起主要决定作用的是阴极反应。

（3）氧化还原电位：电位越负越有利于析氢反应的发生，因此降低电位更有利于氢脆的发生。Tsai 等[209]研究发现 2205 双相不锈钢在阳极电位区及腐蚀电位附近（380～500mV）均不发生氢脆，只有当电位处于较负的阴极电位区（<−900mV）时才发生氢脆。这说明随电位降低，金属材料的氢脆敏感性升高。特别注意在对材料进行阴极保护时，应当合理控制保护电位，以预防氢脆现象的发生。

（4）特殊离子的影响：环境中的各类离子主要通过影响氢的产生，进而影响材料的氢脆。研究较多的有石油工业中硫离子的影响和海洋环境中氯离子的影响等。含硫原油输油管道在所处环境中发生脆断时，其氢脆机理以硫化氢氢脆为主。余刚等[210]研究发现随溶液中硫化氢溶液质量分数增加，16MnR 钢稳态渗氢电流密度逐渐增大，在高质量分数区趋于稳定值。硫化氢质量分数的增大使二价硫离子含量增加，对原子氢结合成氢分子的毒化作用也逐渐增强，材料表面氢原子浓度的增大能提高渗氢的效率。亚硫酸根离子也能促进氢渗透，特别是在含有二氧化硫的大气氢渗透中作用更为明显。海洋环境中的氯离子能破坏金属氧化膜，从而间接地促进氢渗透。含氯离子环境，如海洋环境等，是材料脆断的敏感介质，对氢脆也有一定的影响。

此外，生物因素也会对氢脆产生一定影响。例如，硫酸盐还原菌（SRB）[167]在代谢过程中产生的氢会对材料氢脆过程产生作用。总之，环境对氢脆的作用途径主要是通过影响氢的来源、生成、传输和扩散过程，进而对氢脆产生影响。电位、硫离子、亚硫酸根离子、pH 等因素都能够对氢脆产生较敏感的影响。

2. 材料本身对氢脆的影响

（1）强度水平：一般氢脆敏感性随材料硬度、强度的升高而提高；由于应力梯度有利于氢扩散，所以材料在使用、焊接等加工处理过程中产生的残余应力会使材料氢脆敏感性提高。

（2）合金元素：氢与不同的金属原子的结合能力不同，在不同类型金属晶格中的扩散速度也不同，造成不同金属材料的氢脆敏感性有所差异。例如，铁镍二元合金中，氢的渗透速度随镍含量的增加而增大；钛合金对氢脆的敏感性较高，也已经成为研究热点。U. Prakash 等[211]研究发现铁铝合金中碳或铝元素含量升高能对氢脆过程起到抑制作用。

（3）微观结构：不同金属及合金拥有不同的微观结构，氢原子在金属中主要是通过晶界或空隙扩散，且氢主要在晶界、夹杂物等晶格缺陷处偏聚。微观结构能够直接影响氢在材料中的扩散、偏聚及其与金属的相互作用等材料脆断过程的关键步骤，是氢脆的重要影响因素。在不同类型的晶体结构中，马氏体比贝氏体、珠光体、铁素体、奥氏体、沉积硬化钢的氢脆敏感性高；贝氏体比珠光体、铁素体的氢脆敏感性高[212]；奥氏体抑制氢脆的能力强于铁素体[208]，而且奥氏体和铁素体两相的比例及晶粒大小也会对氢脆敏感性产生影响。微观结构中，材料内的位错作为可逆陷阱，密度越高，越有利于氢在材料中的扩散传输，从而提高氢脆敏感性；相反作为不可逆陷阱的微观结构，如金属碳化物、晶间沉积物、转变奥氏体结构等，数量越多，分布越均匀，氢脆敏感性越低[212]。一般认为材料的晶粒越细、成分组织分布越均匀、缺陷越少，材料的抗氢脆性能越好。此外，材料中的杂质元素与主体元素结合，能够改变局部微观结构及陷阱的性质、数量、形态和分布，从而影响材料的氢脆敏感性。

3.2.5 氢脆的预防措施

氢脆的预防可以通过以下途径进行：

（1）控制氢的来源。首先是减少材料内部的氢，例如，可根据热处理对材料的影响[213]，进行退火处理，在电镀时尽量减少氢的渗透。其次是防止和抑制外部环境中的氢向材料内部渗透，如通过表面处理，在材料表面增加能抑制氢渗透的保护膜；在对材料进行阴极保护时，尽量控制保护电位，减少发生氢脆的可能性。

（2）抑制氢的扩散及其对材料的损害。可以优化材料本身的组织结构，例如，通过合理加入微量元素、适当热处理等技术手段，提高材料的抗氢脆性能。

（3）合理选材和设计。针对不同的服役环境合理选材，避免将材料应用在易于出现氢脆现象的敏感环境中。材料的使用过程中，工程力学设计必须合理，以降低残余应力，焊接工艺必须适当，防止热影响产生裂纹和组织脆化。建议采取的焊接工序包括焊前预热、焊后保温、合理烘干焊条等措施。经常对材料进行检测、监测和维护，防止氢脆现象的发生。

第4章　腐蚀电化学研究方法与氢渗透行为测量

4.1　腐蚀电化学研究方法

电化学测定腐蚀速率的方法有稳态测量、暂态测量和电化学阻抗法等[214]。

测量与腐蚀金属电极有关的腐蚀电化学动力学参数，须在腐蚀金属电极极化的情况下进行。当腐蚀金属电极受到外加电源的极化作用而使得电极电位发生改变时，电极上同时进行双电层的充电过程即"非法拉第过程"和电极反应过程即"法拉第过程"。在非法拉第过程还未完成或法拉第过程还没有达到新的定常态情况下所进行的电化学测量，称为暂态测量，而在法拉第过程处于定常态时所进行的电化学测量称为稳态测量[215]。

4.1.1　稳态测量

常用的稳态测量方法有线性极化电阻法、弱极化法和强极化法。

1. 线性极化电阻法

线性极化电阻法（LPR）是利用在自腐蚀电位附近电极电位的变化与外加极化电流之间的直线关系来测定极化电阻的一种方法。一般地，极化电阻应该是极化曲线在 $\Delta E=0$ 处或 $E\text{-}I$ 曲线在腐蚀电位 E_{corr} 处的斜率。严格说来，应该在测量得到的腐蚀金属电极的极化曲线或 $E\text{-}I$ 曲线上作出 $\Delta E=0$ 处或腐蚀电位 E_{corr} 处的切线，然后求出切线的斜率。但这种方法不利于在腐蚀速率的测量和监控中的广泛应用。测量稳态极化曲线耗时较长，因此这种方法不能满足简便迅速的实用要求。另外，有些体系中腐蚀电位比较稳定，能够测出光滑的、可重现的极化曲线，但有时，实测得到的极化曲线并不很光滑，难以作出 E_{corr} 处的切线。

当极化值很小时，通过在极化值很小的"直线区"测量，可以测得极化电阻的近似值。在这一区间，由于将极化曲线近似地作为直线来处理，只要测定对应于一个极化值 ΔE 的电流密度 I，由它们的比值就可以确定"直线"的斜率，因此测量过程要快速方便得多。这样测得的"极化电阻"称为线性极化电阻。

线性极化电阻技术是一种常规的腐蚀速率测试方法，它极化程度小，对金属表面电化学状态影响较小，测定状态更接近于自然腐蚀状态，能够在接近原位状态快速测出金属的瞬时腐蚀速率，被认为是快速腐蚀速率测定方法，可靠性接近于失重法。

2. 弱极化法

当腐蚀金属电极的极化值大到极化曲线已经明显偏离线性区，但腐蚀金属电极上去极化剂的阴极还原反应过程和金属的阳极溶解过程还都不能忽略时，称这样的极化区间为"弱极化"区间。在这样的极化区间内进行极化测量，通过适当的数据处理技术，可以求得腐蚀电流密度 i_{corr} 和其他电化学参数，而由于测量时的极化电流密度还不是很大，对腐蚀金属电极的表面及其附近介质成分的影响不像强极化区那么大，因而在腐蚀电化学测量中具有重要意义。

为了满足弱极化测量的要求，也就是测得的极化曲线既明显地偏离了线性区、腐蚀过程的阳极反应和阴极反应进行的速率又都达到可以影响测量结果时，就要控制测量时极化值的数值范围。实际上，为了保证数据处理比较精确可靠，一般选取腐蚀过程中各个电极反应的信息量都比较大的极化区域，即 ΔE 绝对值为 $20 \sim 70mV$ 的极化区域，而且为了使阳极反应和阴极反应的信息量大致均衡，两个方向的极化数据都要测量。为了保证测得的数据在期望的极化值数值范围内，一般弱极化数据测量都采用电位控制测量技术。

3. 强极化法

如果通过外加电流使腐蚀金属电极极化得到的极化值绝对值足够大，使得在电化学测量的数据中，腐蚀过程的一个电极反应的信息量占绝对优势，另一个电极反应的信息量小到可以忽略，腐蚀金属电极的极化测量就进入了强极化区。在强极化区，极化值的绝对值越大，腐蚀过程的一个电极反应的信息量越大，而另一个电极反应的信息量就越小，因此，可以认为在强极化区腐蚀金属电极表面上只有一个电极反应在进行，极化测量得到的信息属于一个电极反应。

在强极化区，电位与电流的对数呈线性关系，这段直线称为 Tafel 直线。将阴极和阳极的 Tafel 直线外延，其交点处的电流密度就是体系的自然腐蚀电流密度。强极化曲线方法在实际的应用过程中受到了很大限制，这是因为对体系进行强极化会造成金属表面电化学状态发生强烈变化而远离自然腐蚀状态，其结果与真实值之间有很大的偏差。但是这种方法也有其独特的优势，它的重现性好，从其曲线的形状中可以得到许多关于腐蚀反应的动力学信息，因此，在金属的腐蚀行为研究中也常用这种方法。

强极化区极化曲线的重要优点之一是由于可认为腐蚀金属电极上只有一个电极反应在进行，故测得的极化曲线也只反映这一个电极反应在进行测量的电位区间内的动力学特征，而如果可以认为该电极反应的动力学机制从腐蚀金属电极的腐蚀电位到进行测量的强极化区的电位区间没有改变，那就可以借助强极化区极化曲线的测量来研究这个电极反应的动力学机制。

金属电极的强极化曲线主要有两种不同的情况：①呈现 Tafel 直线；②背离 Tafel 直线。

（1）如果呈现 Tafel 直线，就表明电极过程动力学遵循 Tafel 公式。可以通过测定 Tafel 斜率来探讨电极过程的动力学机制。影响电极反应动力学机制的因素很多，除了溶液成分的影响之外，还包括温度、气压及磁场等环境因素，金属电极本身的纯度、合金含量、热处理过程、组织结构、应力和应变状态等都会对腐蚀金属电极上进行的与腐蚀过程有关的电极反应的动力学机制产生影响，而适当的强极化测量结果往往能比较清晰地显示这些影响。

（2）如果强极化曲线背离 Tafel 直线，那就可以利用与强极化测量研究相关的电极过程中除电极表面放电过程以外的其他过程或表面状态在强极化情况下的变化规律。例如，传质过程也是影响电极过程的重要步骤，传质过程对电极反应动力学的影响往往要在强极化区的测量中才能明确地显现出来。

强极化会影响腐蚀金属电极的表面状态，但有些情况下却要利用这种效应进行腐蚀电化学的研究。例如，在研究酸溶液中缓蚀剂的效应时，缓蚀剂的阳极脱附现象就需要在强极化条件下进行研究。另外，许多金属材料，特别是铁及合金能够在一定条件下由活性的阳极溶解反应转变为钝化状态，即在金属表面形成钝化膜，研究有关金属材料能否发生钝化、发生钝化所需条件及表面钝化状态下的电化学行为，也要进行强极化测量。

4.1.2 暂态测量

暂态测试方法有暂态线性极化技术[216]、恒电流阶跃法[217]、恒电位阶跃法[218]、恒电量法[219]、指数律衰减电流极化法[220]等。

1. 暂态线性极化技术

暂态线性极化技术的原理是以阶跃式的方式施加一系列相等的电流，在每一次外加电流后以相等的时间间隔记录极化电位的数值。当阶跃次数增加后，极化电位和外加电流之间呈线性关系，从而求得极化电阻。暂态线性极化技术适用于腐蚀速率很低的腐蚀体系。

2. 恒电流阶跃法

恒电流阶跃是指对腐蚀体系通入恒定电流阶跃，测量体系的电位随时间的变化，通过对充电曲线数据的分析求解腐蚀体系的电化学参数。恒电流充电曲线技术最初是针对钝态金属体系提出的，其目的是求得体系的 R_p，而避开因体系时间常数大以致达到稳态所需时间太长的缺点。恒电流阶跃法的测量时间短，对体系的扰动小。

3. 恒电位阶跃法

恒电位阶跃法是指对电极系统施加一个高度为 ΔE 的电位阶跃进行扰动，测量电极系统的极化电流密度随时间 t 的瞬态电流响应 ΔI。恒电位法具有快速简便、能实时跟踪、较快地测出多变体系瞬时信息等优点，但其数据解析比较繁琐。

4. 恒电量法

恒电量法是将一个小量的电荷脉冲 Δq 施加到处于自腐蚀电位的金属电极上，测量电位随时间的衰减，求得多个电化学参数。恒电量法是一种弛豫方法，测量可以在较短的时间内完成，并且过电位的变化是在没有施加电流的情况下测定的，因此可以在高阻介质中应用。目前恒电量技术已经在多个领域中得到应用，如测定金属及合金的均匀腐蚀速率、缓蚀剂的筛选和评价、不锈钢及铝合金孔蚀研究、土壤腐蚀等。

5. 指数律衰减电流极化法

对于阳极和阴极反应都是电荷传递控制的体系，在强极化区极化电流值和极化电位值之间遵循 Tafel 关系式：

$$I_a = i_{corr} \cdot \exp\left(\frac{\Delta E}{\beta_a}\right) \tag{4-1}$$

$$|I_c| = i_{corr} \cdot \exp\left(-\frac{\Delta E}{\beta_c}\right) \tag{4-2}$$

式中，I_a 和 I_c 分别是阳极极化电流密度和阴极极化电流密度；β_a、β_c 分别是阳极和阴极的 Tafel 常数；ΔE 是极化值，$\Delta E = E - E_{corr}$，E_{corr} 是自腐蚀电位；i_{corr} 是自腐

蚀电流密度。

当指数衰减电流 $I_{\mathrm{a}} = i_0 \cdot \exp\left(-\dfrac{t}{\tau}\right)$ 对腐蚀金属电极进行阳极强极化时（阴极亦然），由式（4-1）可得

$$\Delta E = \beta_{\mathrm{a}}\left(-\frac{t}{\tau}\right) + \beta_{\mathrm{a}} \ln \frac{i_0}{i_{\mathrm{corr}}} \tag{4-3}$$

式中，t 是时间；τ 是指数衰减电流的时间常数；i_0 是初始极化电流。

式（4-3）为直线方程，由直线的斜率可计算 β_{a}，由截距可计算 i_{corr}，由于测量是在瞬间完成的，非法拉第过程的影响使得响应曲线偏离直线，给结果带来误差。

非法拉第过程主要是双电层充电引起的。为简化起见，不妨近似地认为双电层电容为常数，则非法拉第电流可表示为

$$I_{\mathrm{NF}} = C_{\mathrm{d}} \frac{\mathrm{d}\Delta E}{\mathrm{d}t} \tag{4-4}$$

式中，I_{NF} 是非法拉第电流；C_{d} 是双电层电容。给电极施加的极化电流，一部分为电极反应所消耗，另一部分则为非法拉第过程所消耗，极化电流可表示为

$$I(t) = i_{\mathrm{F}} + i_{\mathrm{NF}} = i_{\mathrm{corr}} \cdot \exp\left(\frac{\Delta E}{\beta_{\mathrm{a}}}\right) + C_{\mathrm{d}} \frac{\mathrm{d}\Delta E}{\mathrm{d}t} \tag{4-5}$$

式（4-5）的求解是很困难的，不妨从另一个角度来考虑这个问题。如果溶液电阻很小，电极可以表示成图 4-1 所示的等效电路。

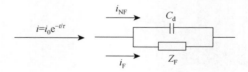

图 4-1　电极等效电路

由戴维南定理可列出下式：

$$i = i_0 \mathrm{e}^{-\frac{t}{\tau}} = i_{\mathrm{F}} + C_{\mathrm{d}} Z_{\mathrm{F}} \frac{\mathrm{d}i_{\mathrm{F}}}{\mathrm{d}t} \tag{4-6}$$

$$\frac{\mathrm{d}i_{\mathrm{F}}}{\mathrm{d}t} + \frac{1}{C_{\mathrm{d}} Z_{\mathrm{F}}} i_{\mathrm{F}} = \frac{i_0}{C_{\mathrm{d}} Z_{\mathrm{F}}} \mathrm{e}^{-\frac{t}{\tau}} \tag{4-7}$$

这是一个线性常系数微分方程，它的通解为

$$i_{\mathrm{F}} = \mathrm{e} - \frac{t}{C_{\mathrm{d}}Z_{\mathrm{F}}} \left[\frac{1}{\dfrac{1}{C_{\mathrm{d}}Z_{\mathrm{F}}} - \dfrac{1}{\tau}} \cdot \frac{i_0}{C_{\mathrm{d}}Z_{\mathrm{F}}} \mathrm{e}^{\left(\frac{1}{C_{\mathrm{d}}Z_{\mathrm{F}}} - \frac{1}{\tau} \right)t} + C \right] \tag{4-8}$$

式中，C 是积分常数。初始条件为 $t=0$，$i_{\mathrm{F}}=0$，由此定出积分常数：

$$C = -\frac{1}{\dfrac{1}{C_{\mathrm{d}}Z_{\mathrm{F}}} - \dfrac{1}{\tau}} \cdot \frac{i_0}{C_{\mathrm{d}}Z_{\mathrm{F}}} \tag{4-9}$$

代入式（4-8）整理，又 $\Delta E = i_{\mathrm{F}} Z_{\mathrm{F}}$，最后得

$$\Delta E = \frac{\tau i_0 Z_{\mathrm{F}}}{\tau - C_{\mathrm{d}} Z_{\mathrm{F}}} \left(\mathrm{e}^{-\frac{t}{\tau}} - \mathrm{e}^{-\frac{t}{C_{\mathrm{d}} Z_{\mathrm{F}}}} \right) \tag{4-10}$$

两边求微分，

$$\frac{\mathrm{d}\Delta E}{\mathrm{d}t} = \frac{\tau i_0 Z_{\mathrm{F}}}{\tau - C_{\mathrm{d}} Z_{\mathrm{F}}} \left(-\frac{1}{\tau} \mathrm{e}^{-\frac{t}{\tau}} + \frac{1}{C_{\mathrm{d}} Z_{\mathrm{F}}} \mathrm{e}^{-\frac{t}{C_{\mathrm{d}} Z_{\mathrm{F}}}} \right) \tag{4-11}$$

令 $\dfrac{\mathrm{d}\Delta E}{\mathrm{d}t} = 0$，解得

$$t \bigg|_{\frac{\mathrm{d}\Delta E}{\mathrm{d}t}=0} = \frac{\tau C_{\mathrm{d}} Z_{\mathrm{F}}}{C_{\mathrm{d}} Z_{\mathrm{F}} - \tau} \ln \frac{C_{\mathrm{d}} Z_{\mathrm{F}}}{\tau} \tag{4-12}$$

由式（4-10）可知，当 $t < t\big|_{\frac{\mathrm{d}\Delta E}{\mathrm{d}t}=0}$ 时，$\dfrac{\mathrm{d}\Delta E}{\mathrm{d}t} > 0$；当 $t > t\big|_{\frac{\mathrm{d}\Delta E}{\mathrm{d}t}=0}$ 时，$\dfrac{\mathrm{d}\Delta E}{\mathrm{d}t} < 0$。因此，式（4-9）有极大值。

图 4-2 为当 $i_0 = 20\mathrm{mA}$，$\tau = 72\mathrm{ms}$，$C_{\mathrm{d}} = 1567\mu\mathrm{F}$，$Z_{\mathrm{F}} = 4\Omega$ 时，根据 $i = i_0 \mathrm{e}^{-\frac{t}{\tau}}$ 和式（4-9）计算绘制的激励信号和响应信号的图形。

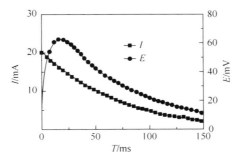

图 4-2　计算激励信号与相应信号曲线

在实际体系 321 不锈钢在 0.5mol/L HCl+0.5mol/L NaCl 溶液中的激励信号和

响应信号的图形与图 4-2 相似，说明理论与实际符合得较好。

在极值点处，$d\Delta E/dt=0$，式（4-5）可变为

$$I_{\Delta E_{max}} = i_{corr} \cdot \exp\left(\frac{\Delta E_{max}}{\beta_a}\right) \tag{4-13}$$

根据式（4-12），对电极进行两次极化，可得到 ΔE_{max1} 和 ΔE_{max2} 及相应的关系。可以求出：

$$\beta_a = \frac{\Delta E_{max1} - \Delta E_{max2}}{\ln\left(\dfrac{I_{\Delta E_{max2}}}{I_{\Delta E_{max1}}}\right)} \tag{4-14}$$

$$i_{corr} = \frac{I_{\Delta E_{max}}}{\exp\left(\dfrac{\Delta E_{max}}{\beta_a}\right)} \tag{4-15}$$

同样，对于阴极极化，电位-时间曲线将出现极小值。可以得到：

$$\beta_C = \frac{\Delta E_{min1} - \Delta E_{min2}}{\ln\left(\dfrac{|I_{\Delta E_{min2}}|}{|I_{\Delta E_{min1}}|}\right)} \tag{4-16}$$

$$i_{corr} = \frac{|I_{\Delta E_{min}}|}{\exp\left(-\dfrac{\Delta E_{min}}{\beta_c}\right)} \tag{4-17}$$

为了验证指数律衰减电流极化电位响应极值法测定金属腐蚀速率的可靠性，用这种方法测定了 321 不锈钢在 0.5mol/L HCl+0.5mol/L NaCl 溶液中不同温度下的腐蚀速率，并用稳态法进行了检验。稳态实验装置为微机自动控制恒电位仪的电化学分析测试 332 系统。实验时，试样在溶液中浸泡 2h，然后进行稳态弱极化曲线的测量，采集数据，用弱极化曲线拟合技术求出腐蚀电流密度。暂态实验条件相同。表 4-1 为测试结果。由稳态方法得到的腐蚀电流密度为 3 次测量的平均值，由暂态方法得到的腐蚀电流密度为 10 次测量的平均值。从表 4-1 中可以看到，两种方法得到的腐蚀电流密度符合得较好。

表 4-1　稳态和暂态所得 321 不锈钢在 0.5mol/L HCl+0.5mol/L NaCl 溶液中不同温度下的自腐蚀电流密度

温度/℃	20	30	40	50	55	60
稳态/(mA/cm²)	0.066	0.069	0.189	0.387	0.473	0.551
暂态/(mA/cm²)	0.064	0.073	0.210	0.398	0.468	0.589

这种暂态实验方法，对于溶液电阻可以忽略的情况，实验结果较为可靠。而

当溶液电阻不能忽略时，将引起电位测量的误差，因而引起腐蚀电流密度测量的误差。此种方法虽为强极化方法，但也不能进行过度极化，极化电位太高，可能引起其他过程的出现，对测量结果造成误差，一般极化值 ΔE 在 80～140mV 为宜。此种方法从原理上讲是一种近似方法，在理论推导过程中，为了简化起见，进行了相当程度的近似处理，不过从上面的结果来看，这种近似不致引起测量结果的较大偏差。当然，发展一种暂态弱极化技术，尽可能地减小理论推导的近似，可能是一种有益的尝试。

表 4-2 为 321 不锈钢在不同载荷下于 0.5mol/L HCl+0.5mol/L NaCl 溶液中用本书的暂态方法测得的腐蚀电流密度。从表 4-2 中可以看出在弹性阶段，腐蚀电流密度变化不明显，试样达到屈服点（250MPa）后，腐蚀电流密度增加。

表 4-2　321 不锈钢 0.5mol/L HCl+0.5mol/L NaCl 溶液中不同载荷下的自腐蚀电流密度

应力/MPa	0	150	250
腐蚀电流密度/(mA/cm²)	0.46	0.45	0.68

4.1.3　电化学阻抗谱（EIS）

1. 电化学阻抗谱的发展及应用现状

当一个电极系统的电位或流经电极系统的电流变化时，对应地流过电极系统的电流或电极系统的电位也相应地变化，这种情况正如一个电路受到电压或电流扰动信号作用时有相应的电流或电压响应一样。当用一个角频率为 ω 的、振幅足够小的正弦波电信号对一个稳定的电极系统进行扰动时，相应地电极电位就作出角频率为 ω 的正弦波响应，从被测电极与参比电极之间输出一个角频率是 ω 的电压信号，此时电极系统的频响函数就是电化学阻抗。在一系列不同角频率下测得的一组频响函数值，就是电极系统的电化学阻抗谱（electrochemical impedance spectroscopy）[221]。因此，电化学阻抗谱就是电极系统在符合阻纳的基本条件时电极系统的阻抗频率，也就是电化学阻抗谱必须满足因果性条件、线形条件和稳定性条件。当用一个正弦波的电位信号对电极系统进行扰动时，因果性条件要求电极系统只对该电位信号进行响应。这就要求控制电极过程的电极电位及其他状态变量都必须随扰动信号正弦波的电位波动而变化。只有当一个状态变量的变化足够小，才能将电极过程速率的变化与该状态变量的关系近似作线性处理。故为了使在电极系统的阻抗测量中线性条件得到满足，对体系的正弦波电位或正弦波电流扰动信号的幅值必须很小，使得电极过程速率随每个状态变量的变化都近似地符合线性规律，才能保证电极系统对扰动的响应信号与扰动信号之间近似地符合线性条件。通过采用时域转换的测量方法，通过快速傅里叶变换（fast fourier transform，FFT）或拉普拉斯（Laplace）变换，从以时间 t 为变量的曲线得到阻抗谱就会缩短阻抗测量的时间，减小电极系统的变化程度，从而使其有可能近似地满足稳定性条件。

2. 电化学阻抗谱的分析方法概述

电化学阻抗谱的分析主要有等效电路法和数学模型法。

1）等效电路法

在满足阻纳 3 个基本条件的情况下，可以测出一个电极系统的电化学阻抗谱。如果能够另外用一些"电学元件"及"电化学元件"来构成一个电路，使得这个电路的阻纳频谱与测得的电极系统的电化学阻抗谱相同，就称这一电路为电极系统或电极过程的等效电路，用来构成等效电路的"元件"为等效元件。等效元件归纳起来有 4 种：等效电阻 R、等效电容 C、等效电感 L 和常相位角元件（CPE）Q。等效电路方法仍然是电化学阻抗谱的主要分析方法，这是因为由等效电路来联系电化学阻抗谱与电极动力学模型的方法相比更具体直观，在大多数情况下，可以为电极过程的电化学阻抗谱找到一个等效电路。但是，等效电路方法也有缺陷。首先，等效电路与电极反应的动力学模型之间一般来说并不存在一一对应的关系；其次，有些等效元件的物理意义不明确。

2）数学模型法

要克服传统的等效电路方法的缺陷，必须根据电极系统与电极过程的特点，依据阻纳的基本条件及一些动力学规律，来建立一些电化学元件及其具有明确物理意义的数学模型。这种方法称为电化学阻抗谱的数学模型方法。

3）两种方法之间的联系

当对一个电极系统进行电位扰动，电极系统的电极电位发生变化，流经电极系统的电流密度也就相应地变化。由电极系统的特点所决定，电极系统中的电流密度变化来自两部分：一部分是电极反应的速率按照电极反应动力学的规律随着电位的变化而变化，另一部分的电流密度变化则是电位改变时双电层两侧电荷密度发生变化而引起的"充电"电流所导致的。前一部分的电流直接用于电极反应，服从法拉第定律，称为法拉第电流；后一部分的电流不是直接由电极反应引起的，称为非法拉第电流。相应于法拉第电流的导纳称为法拉第导纳，用 Y_F 表示，它的倒数称为法拉第阻抗，用 Z_F 表示。在法拉第的研究中，数学模型方法较之等效电路方法具有很大的优越性。但是在电化学阻抗谱的研究中，涉及非法拉第电流引起的非法拉第阻纳的问题往往就不能用数学模型方法去解决。法拉第电流与电极电位及其他控制电极反应速率的状态变量之间并无函数关系，也无法为非法拉第阻纳建立普适性的数学模型。例如，在涂层覆盖的金属电极的电化学阻抗谱的研究中，除了涂层/溶液界面的双电层电容的阻抗是由非法拉第电流引起的之外，涂层电容及涂层电阻的阻抗也都与非法拉第电流有关。非涂层本身是有物理意义的电学元件，既具有电阻的作用，又具有电容的作用。这种情况下，用等效电路方法来研究涂层覆盖的金属电极的电化学阻抗谱要更为合理一些。

4.1.4　电化学噪声

1. 电化学噪声（EN）的发展及应用

电化学噪声是指在恒电位或恒电流的控制下，电解池中通过金属电极/溶液界面的电流或电极电位自发波动。电化学噪声测试是一种原位、无损的金属腐蚀检测技术。B. A. Iversion 等 1967 年首先注意到了这个现象，之后，1968 年 Iverson[222] 研究了参比电极与多种工作电极间的电位噪声，电化学噪声分析能够揭示电化学系统的特征信息，引起日益广泛的研究与应用，电化学噪声技术在腐蚀与防护科学领域得到了很好的发展。

目前，已有多种技术用于电极表面的界面状态，但它们都存在各自的缺点。传统的电化学研究方法可能因为外加信号的介入而影响腐蚀电极的腐蚀过程，同样无法对被测体系进行原位监测。电化学噪声相对于传统的腐蚀监测技术具有明显的优点。首先，它是一种原位无损的监测技术，在测量过程中，无需被测电极施加可能改变电极腐蚀过程的外界信号。其次，它无需建立被测体系的电极过程模型。再次，它无需满足阻纳的三个基本条件。最后，检测设备简单，可以远距离监控[223]。

2. 电化学噪声的分析方法

1）频域分析

电化学噪声技术发展的初期主要采用频谱变换的方法处理噪声数据，即将电流或电位随时间变化的规律（时域谱）通过某种技术转变为功率密度谱（PSD）曲线（频域谱），然后根据 PSD 曲线水平部分的高度（白噪声水平）、曲线转折点的频率（转折频率）、曲线倾斜部分的斜率和曲线没入基底水平的频率（截止频率）等 PSD 曲线的特征参数来表征噪声的特性，探寻电极过程的规律[224-226]。通过对 PSD 图的分析可获得电化学系统的信息。

常见的时频转换技术有快速傅里叶变换、最大熵值法（maximum entropy method，MEM）、小波变换（wavelets transform，WT）。当电位、电流噪声信号同步采样时，频域中还可计算系统噪声阻力谱，求得谱噪声值 R_{sn}^0。R_{sn}^0 与噪声时域参数 R_n 有一致的发展趋势，可作为评估电化学系统的一个参数[227, 228]。

2）时域分析

由于仪器的缺陷（采样点数少、采样频率低等）和时频转换技术本身的不足（如转换过程中某些有用信息的丢失、难以得到确切的电极反应速率等），一方面迫使电化学工作者不断探索新的数据处理手段，以便利用电化学噪声频域分析的优势来研究电极过程机理，另一方面又将人们的注意力部分转移到时域谱的分析上，从最原始的数据中归纳出电极过程的一些信息。

在电化学噪声时域分析中，噪声电阻 R_n、标准偏差 S 和孔蚀指标 PI 等是最常用的几个基本概念，它们也是评价腐蚀类型与腐蚀速率大小的依据。

一般认为 PI 取值接近 1.0 时，表明产生局部腐蚀；当 PI 值达到 0.1～1.0 时，预示着局部腐蚀的发生；而 PI 值接近零时，则意味着电极表面出现均匀腐蚀或保持钝化状态[229]。

3）电化学噪声技术的影响因素

影响电化学噪声测量结果的因素有电极面积、采样频率、测量仪器固有噪声及附属部分参比电极、溶液电阻等。工作电极和辅助电极的面积、形状完全相同，实验过程中很难达到形状完全相同，尤其对涂装金属。常用的 0.5Hz、1Hz 或 2Hz 采样频率对于一些电化学系统如评估涂层性能也许是合适的，但对另一些电化学系统不一定合适。如果采样频率不合适，例如，采样频率较低，相当于使用了低通滤波器，将丢失有用的高频信息[230, 231]。

3. 电化学噪声技术的不足

从 1967 年提出电化学噪声的概念以来，电化学噪声技术得到了迅速发展。然而，迄今它的产生机理仍不完全清楚，它的处理方法仍存在欠缺。且理论要求两个完全相同的工作电极，但实际实验过程中试样达不到要求。

4.2　氢渗透行为测量

金属在电镀、酸洗、腐蚀、阴极保护等过程中产生的氢通过在金属表面的吸附、溶解和扩散等步骤将会渗透到金属的内部。

渗透到金属内部的氢可通过氢渗透电流来表征。测定氢渗透电流的电化学方法是通过测量渗透过金属的氢原子氧化为氢离子的阳极电流来实现的，图 4-3 为氢渗透测量实验原理示意图。

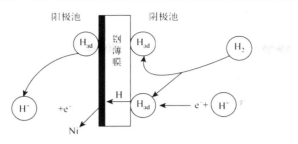

图 4-3　氢渗透测量原理示意图

4.2.1　氢渗透测量原理

Devanathan 和 Stachurski 在 20 世纪 60 年代首先提出了氢渗透的电化学测量方法[182, 232]，在以后有关氢渗透的研究中多有引用和介绍[233-235]，其氢渗透检测装置如图 4-4 所示。

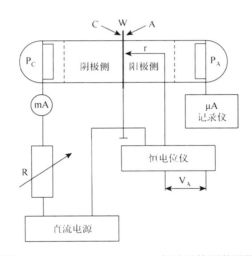

图 4-4　Devanathan-Stachurski 氢渗透检测装置图

C-工作电极的阴极侧；A-工作电极的阳极侧；P_C-辅助电极；r-参比电极；W-工作电极；R-可变电阻；
P_A-工作电极；V_A-电极电位

如图 4-4 所示，氢渗透测量装置是一种双电解池结构，由两个被工作电极（试样）隔开的电解池组成，试样有阴极侧（C 侧）和阳极侧（A 侧）。阴极侧用于充氢，在电解充氢时，通电流 i_c 后，在阴极侧上发生如下反应：$H^+ + e^- \longrightarrow H$，产生的氢原子被吸附在试样的表面，其中一部分发生复合，$H + H \longrightarrow H_2$，以分子氢溢出，另一部分则扩散进入试样内部。另一电解池在阳极 A 侧施加一个恒定的极化电位（氧化电位）时，从试样内部扩散过来的氢原子在试样的 A 侧被氧化，即 $H \longrightarrow H^+ + e^-$，产生阳极电流 i_a。由于扩散至 A 侧的原子氢均被氧化，即试样 A 侧上的原子氢的浓度 $c_A = 0$。当从试样 C 侧扩散至试样 A 侧的氢原子的氧化电流 i_a 达到稳定值时，此时的电流密度称为稳态扩散电流密度，用 i_{max}（A/m²）表示。当达到稳态时，根据 Fick 第一定律可知：

$$i_{max} = \frac{FDc_0}{L} \qquad (4\text{-}18)$$

式中，D 是氢在金属试样的扩散系数，m²/s；c_0 是试样充氢侧（C 侧）的氢原子浓度，mol/m³；L 是金属试样的厚度，m。

由式（4-19）可计算出原子氢浓度 c_0（单位为 mol/m³）：

$$c_0 = \frac{i_{max}L}{DF} \quad (\text{mol/m}^3) \qquad (4\text{-}19)$$

若采用质量分数表示，则表示为

$$c_0 = \frac{i_{max}LM_G}{FDd} \quad (\mu g/g) \qquad (4\text{-}20)$$

式中，各参量的单位如下：i_{max}，μA/cm²；L，cm；氢原子的摩尔质量 M_G，g/mol；D，cm²/s；d，g/cm³。利用氢渗透测量装置测量稳态时渗氢电流密度 i_{max}，由以上公式计算出金属材料中渗氢侧的氢原子浓度[236]。

近年来关于氢渗透方面的研究较多，所用氢渗透实验测量装置都是根据实际需要在 Devanathan-Stachurski 氢渗透测量装置的基础上进行改进的。本书结合实海情况在实验室条件下设计了一套模拟浪花飞溅区的实验装置，利用改进的 Devnathan-Stachurski 双电解池技术测定不同热处理后的 AISI4135 钢在室内浪花飞溅区模拟条件下的氢渗透电流[237]，实验装置图如图 4-5 所示。

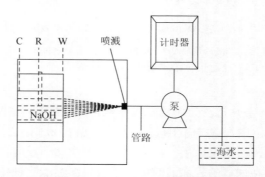

图 4-5　模拟浪花飞溅区条件下的氢渗透电流测量装置

4.2.2　氢渗透试样的设计

对于氢渗透实验测量，氢渗透试样的设计非常重要，试样的厚度设计得当，才能得到较理想的效果，一般选择薄片试样。这主要是考虑到测量灵敏度和实验时间，即氢原子从试样 C 侧扩散至 A 侧电流信号的响应时间及达到稳态扩散电流密度所需的时间。如果试样厚度过大，渗透所需时间过长，氢渗透电流密度减小，测量准确度降低，不利于实验研究和实际应用。渗透时间太长，还会受到杂质吸附在阴极、阴极电解质溶液的浓度变化及阴极充氢电解池的腐蚀等问题的影响。试样所需厚度一般可根据所研究金属氢扩散系数的估计值进行估算，$L_e = 2\sqrt{D_L^e t}$，式中，D_L^e 是氢的扩散系数的估算值，t=24h。若 D_L^e 没有相关文献可查，从实验数据处理得到，则 D_L^e 为有效氢原子扩散系数，而不是晶格氢原子扩散系数，此时扩散系数取决于试样的陷阱特性。选择试样厚度 L 的上限时，需考虑氢原子响应的灵敏度，主要是考虑吸附/吸收反应速率常数。另外，若要从实验渗氢测量中获得氢扩散系数的真实值时，则需要考虑试样厚度 L 的下限。如果采用很薄的试样，实验中氢渗透将可能是表面控制或界面控制[139, 238]，一般情况是界面和扩散混合控制。另外，极薄试样在加工过程中会破坏已有材料的晶体结构，金属试样的晶界在氢渗透过程中占主导地位，通过实验数据得到的氢原子扩散系数不能反映该金属材料的真实扩散系数，在这种条件下得到的氢扩散系数及从稳态测量所获得的吸附/吸收特性参数不能很好地反映金属材料的渗透特性。实验中氢渗透试样的设计不仅要考虑材料厚度、表面状态及边缘尺寸，同时还须考虑材料渗氢释氢的具体情况。

4.2.3　氢渗透的电解质溶液

为了使实验中氢渗透曲线有较好的重现性，阳极室所采用的电解质溶液尽量不含有氧化杂质，以免产生较大的背景电流。配制电解质溶液应该使用分析纯试剂，另外配制溶液所需的水也要使用多重蒸馏水或超纯水。为了防止阳极池金属试样的腐蚀，在金属试样的阳极侧通常镀一层催化镀层（常用 Pd、Ni 镀层），若从充氢侧渗透过来的氢原子被完全氧化，可利用恒电位仪或电化学工作站测量原子氢氧化电流确定渗透过金属试样的氢原子的多少。根据研究的目的不同，若要实现稳定的渗氢电流，阴极侧（产生原子氢）的介质溶液可呈弱碱性，当开始采用最大阴极电流充氢时，在金属试样表面形成钝化膜，便于稳定吸氢，在实验中任一单位时间内保持进入金属试样的氢原子浓度不变。若要研究某一实际环境的渗氢行为，阴极侧的介质也可以是实际的介质。阳极池的电解质一般可采用浓度为 0.2mol/L 的 KOH 溶液或 NaOH 溶液。实际上，使用的浓度只要能够使氧化后的氢及时迁移即可。

4.2.4　氢渗透传感器

1. 氢传感器研究概述

余刚等[239, 240]基于 Devanathan-Stachurski 双电解池电化学原理开发了一种氢传感器用于检测氢原子的渗透速率。它是一个源于 Devanathan-Stachurski 双电解池阳极室的密闭电解池，一片银钯合金薄片被用作氢氧化物的阳极活动窗口，金属氧化物作为阴极材料，KOH 稀溶液作为电解质。当使用该传感器时，银钯合金薄膜紧贴设备外壁表面，它们之间的缝隙用一层真空凝胶密封。此类电化学传感器的结构为 Pd-Ag 合金薄膜（氢原子）|碱性电解质|金属氧化物，氢原子的扩散速率通过检测闭合回路中的电流来表征。在这些已有氢渗透传感器研究工作的基础上，余刚等[241]又进一步改进了这类传感器，采用钯合金薄片作阳极和阴极、镍丝作参比电极的三电极结构，恒电位仪为钯合金阳极薄片提供一个恒定的电位使扩散至表面的氢原子氧化。这种传感器曾经用来检测丙烷储罐的氢腐蚀，但是在检测过程中，由于银钯合金不能可靠地贴合到钢壁表面，导致一部分氢从传感器与钢壁表面之间的缝隙泄漏出去。因此，这种传感器在使用前需要进行实验标定。

对氢传感器而言，需要有一定的灵敏度，同时检测范围又要大，能检测从百万分之几的微量氢含量至较低的爆炸极限或爆炸下限（空气中氢气含量为 4%），甚至接近 100%的氢浓度。该传感器需要能在环境温度、低温或高温条件下工作。有价值的氢传感器要具备高灵敏度、高选择性、响应快速、性能长期稳定、成本低且工作简便等特点。关于氢传感器技术方面的报道已有很多，不同类型氢传感器在各行业中已有应用[242-244]，如热（温差）电效应传感器[245, 246]、固态电化学传感器[247, 248]等。

由于电位与传感器的尺寸无关，电压易于实现高精度测量，因此，电位型传感器可设计得非常小。与电位型传感器相比，电流型传感器的信号与电极面积成正比，电流信号随着尺寸的减小而减小，但是，随着纳米结构电极和高精度电子产品的使用，小型电流型传感器的信噪比得到提高，价值得以体现。液态电解质电化学氢传感器的主要优点是可在室温条件下工作，气体样品和检测环境不需要加热，测量装置不受干扰[249, 250]。在有潜在危险的环境中，室温条件下的工作能达到安全标准。相对固态电解质气体氢传感器而言，液态和聚合物电解质气体氢传感器还有待完善，但是，电流型和电压型传感器比电阻型半导体传感器选择性提高了很多,研究开发的时间已有多年,在工程上已实现了一定范围内的应用[251]。

2. 电化学氢传感器的类型及应用

电化学氢传感器按工作原理可分为电流型、电压型和电导型三大类。低温时利用液体或聚合物作电解质[251, 252]。氢传感器一般要求电解质含 H^+ 等指定离子,在高温下则要求固体材料有一定的电解电导率[253]。下面从传感器的工作原理、检测及其规律三个方面介绍其应用。

1)电位型氢传感器

电位型氢传感器检测的是电位信号,是一种热力学平衡传感器。图 4-6 是电位型传感器的示意图。平衡时由于浓度差异而产生的化学势可以通过能斯特方程进行计算。

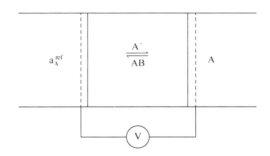

图 4-6　电位型传感器结构示意图

图 4-6 中,A 是拟分析物,其浓度或活度随时变化;a_A^{ref} 是在固态电解质膜参照侧(左侧)分析物 A 的活度,数值恒定;AB 是固态电解质膜,作为 A^+ 的导体,且能较容易地运载 A($A^+ + e^- \longrightarrow A$),当 A 在膜两边的活度不同时,就可以观察到电位 V。这类电位型传感器称为浓差电池,工作电极上的气体活度可以通过测量开路电位,根据参比电极上稳定的气体活度计算确定。开路电位与工作电极上活性物质的活度有关。根据能斯特方程:

$$E = \frac{RT}{zF} \ln \frac{p_x}{p_{ref}} \tag{4-21}$$

式中,R 是摩尔气体常量;F 是法拉第常量;T 是温度;p_x 是样品中待测气体分压;p_{ref} 是参比气体分压;z 是传感器基础电化学反应中包含的电子数(氢气 $z=2$,氧气 $z=4$)。可以看出,传感电极电位通常是空气中氢气浓度的对数函数。

电位型氢气传感器[254]在使用固体电解质时有明显的优点,同时也有局限性。水通过反应影响氢离子活度,如 $H_2O \Longrightarrow H^+ + OH^-$,此反应在高温下会加速。而且，由于氧化物的形成，将影响电解质中的氧气含量，从而影响特定的固体电解质。另外，电极或电解质吸附 CO 或 CO_2 后会发生中毒，也会影响电极或电解质的性能，从而影响传感器的性能。所以，对于传感器的性能而言，电极和电解质材料的选择非常重要。通常没有通用的电化学氢气传感器可以用于所有的实际情况，需要不断地对传感器的设计进行优化以期获得分析所需要的性能。例如，为了消除氢气浓度影响需要的标准参比浓度，设计了一种具有内参比结构的传感器[255]，如图 4-7 所示。

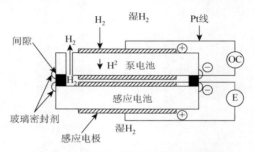

图 4-7　标准氢电极作参比的氢传感器

2）电流型氢传感器

电流型氢传感器[253, 256-259]具有通用性好、灵敏度高、工作简便、在常见氢检测环境中成本相对较低、能够实现小型化等特点。简单的电流型传感器仅由两个电极组成［图 4-8（a）］，即工作电极和辅助电极，两个电极浸入电解质溶液中。这种电流型传感器需要外加电位，一般利用恒电位仪使工作电极电位恒定，使电极反应朝一个方向进行。两电极检测原理的前提条件是辅助电极电位保持不变。实际上，每个电极表面的反应会导致电极极化，从而大大限制了浓度的测量范围。因此，在实际应用中大多数电流型传感器有的物理构型相对复杂，一般采用三电极体系，如图 4-8 所示。在三电极的体系中，同样是测量工作电极和辅助电极的电流，参比电极在测量过程中的作用是保持工作电极的电位恒定。参比电极不被极化，在测量过程中能保持恒定的电位。

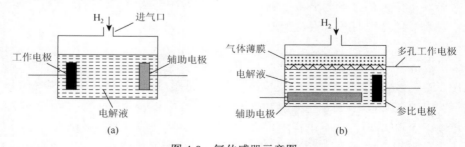

图 4-8　氢传感器示意图

（a）二电极结构；（b）三电极结构

　　图 4-9 所示是一种采用薄膜"燃料电池"式结构的电流型氢气传感器[260]。在不同结构的电流型传感器中均是以在恒定或变化的氧化电位下测量工作电极上氢氧化反应所产生的电流作为传感器信号输出。电极活性物如氢原子或氢气参与电极反应，周围的气体扩散至电化学电池，通过多孔层溶解在电解质中，通过电解质进一步扩散至工作电极表面。由氢渗透电流密度反映出来的反应速率可以由氢原子（或氢气）扩散到电极表面的速率所控制[253, 261]。

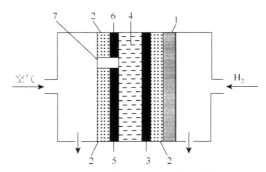

图 4-9　燃料电池式电流型氢传感器

1-PTFE 薄膜；2-Pt/Ru 金属网（内含催化层）；3-工作电极（Pt/C 催化薄膜层）；4-Nafion-117 薄膜；

5-辅助电极；6-参比电极；7-绝缘板

　　根据法拉第定律将测量得到的传感器电流信号和反应分子的数目（浓度）联系在一起：

$$I=nFQc \qquad\qquad (4-22)$$

式中，I 是电流，C/s；Q 是气体流量，m³/s；c 是待分析物浓度，mol/m³；F 是法拉第常量，9.648×10^4 C/mol；n 是参与反应的电子数。

　　3）电导型氢传感器

　　电导型氢传感器是由质子电导率变化确定氢浓度的传感器。其电导率由传输介质的性质和氧化物的纯度决定。温度会影响电导传感器的响应时间，当提高温度并改变样品含氢量时，离子迁移更快，电导传感器响应更为迅速。因此，电导传感器一般附加安装加热器，确保固态电解质保持一个恒定、可控的温度。已经有部分固体电解质开发成了氢传感器[262]，主要是钙钛矿材料。电导固态电解质氢传感器的结构类似于标准半导体气体传感器，与浸入电解液中的 Pt 相接触。与电流型传感器相比，电导型传感器电极设计更简单，用于测量氢发生在固态电解质上的电导变化。

3. 氢渗透传感器研究实例

　　如前所述，氢渗透传感器是利用 Devanathan-Stachursk 电化学氢渗透原理设计而成的。根据响应信号的差异分为两类：电流型和电位型。电流型氢渗透传感器是通过测定氧化氢原子的电流密度而估算钢体材料的氢浓度，而电位型氢渗透传感器是通过测定电位差等与氢浓度相关的热力学参数，利用能斯特公式计算出氢气的压力，由此估算钢铁材料的氢浓度。Yamakawa[263]设计了一种氢渗透传感器，其电解液为 1.0mol/L NaOH，Hg/HgO 作为参比电极，被测金属基底镀 Ni 作为工作电极，如图 4-10 所示。

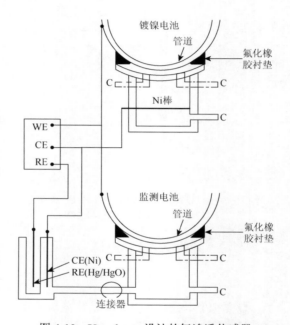

图 4-10　Yamakawa 设计的氢渗透传感器

WE-工作电极（管线）；CE-辅助电极（Ni）；RE-参比电极（Hg/HgO）；C-支架

通过恒电位仪提供 0.15V（vs Hg/HgO）氧化电位，用于氧化渗透过来的氢原子，该传感器曾用于检测吸收氢后的变形效应和临界应力强度因子与氢含量之间的关系，也用于监控二氧化碳吸收塔和管线中氢的含量。

Deluccia 和 Berman[264]设计了一种藤壶氢渗透传感器，使用 Ni/NiO 电极代替恒电位仪对阳极进行极化，简化了控制阳极电位的装置。他们利用磁铁将传感器固定在钢制设备表面，其结构如图 4-11 所示。该传感器已被用在重水生产装置和含有硫化氢的油气田中的氢检测。

Robinson 和 Hudson 改进了这种传感器[265]，将电解质以凝胶的形式代替。该传感器采用电化学电池结构安装在钢样的表面，包括 Ni/NiO 电极和 0.2mol/L NaOH 溶液，对工作电极施加 150mV 电位（vs Ni/NiO 电极）。钢中的氢原子在浓

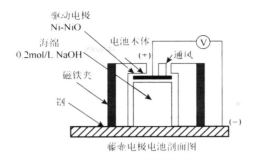

图 4-11　Deluccia 和 Berman 设计的氢渗透传感器简图

度梯度的作用下渗透到钢表面时被氧化，通过一个零阻微安计测量该氧化电流。钢样保持在 0.2mol/L NaOH 溶液中处于钝化状态，钢样的钝化电流非常小，可以忽略不计。该传感器已用于测量暴露在含有硫酸盐还原菌和没有阴极保护的腐蚀环境中的碳锰钢板的氢渗透行为。

French 和 Hurst[266]设计了一种补丁式氢渗透传感器，由塑料盒、钯膜和记录器等组成，如图 4-12 所示。钯膜作为一个补丁附在表面磨光的待测试样上。由于设备腐蚀过程中产生氢原子渗入钢体中经过钯膜，在钯膜表面氧化产生电流，用记录仪记录检测到的氢渗透速率。氢渗透速率与透过铂薄片的氢原子氧化的多少有关。Du 等设计了一种智能化电化学传感器，用于在线检测锅炉管道系统酸洗的氢致开裂情况[267, 268]。他们又设计了纽扣式氢传感器用于近海工程结构氢致开裂敏感性的测量[269]，如图 4-13 所示。

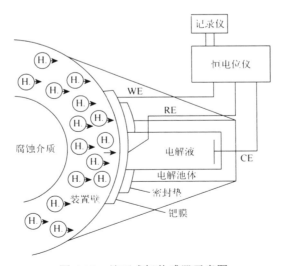

图 4-12　补丁式氢传感器示意图

WE-工作电极；RE-参比电极；CE-辅助电极

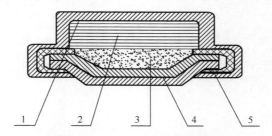

图 4-13　纽扣式氢传感器示意图

1-带有内催化镀层的双电极；2-由碱性溶液润湿的隔膜；3-由金属氧化物粉制成的不极化阴极；4-金属背盖；5-密封垫

Ando 和 Nishimura 设计了一种固体电解质陶瓷传感器（摩尔分数 5% Yb_2O_3-$SrCeO_3$）[270, 271]，在高温下它具有较强的传导质子的能力，可以检测氢在钢体结构中的渗透速率。773K 时，精确测量了 2.25Cr-1Mo 钢和普通钢的扩散率和氢含量。杜元龙改进了该传感器[272]，用于探测高温下加氢反应器器壁的氢浓度，如图 4-14 所示。它是以钯合金薄片作阳极，粉状的金属氧化物作阴极、0.2mol/L KOH 作电解质。

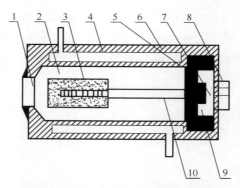

图 4-14　高温电化学氢传感器示意图

1-钯合金膜；2-KOH 溶液；3-阴极；4-冷却水套；5-特氟龙密封塞；6-0Cr18Ni9Ti 壳体；
7-导线；8-插头；9-空隙；10-镍导电棒

本书开发了一种基于氢渗透电流信号的海洋大气腐蚀监测传感器[273]，如图 4-15 所示，建立了氢渗透量和腐蚀失重之间的对应关系。该传感器包括传感器电解池帽、钢制薄壁圆桶、镍棒、电解液及引线。电解液盛于钢制薄壁圆桶内，镍棒位于电解液中但不与钢制薄壁圆桶接触。钢制薄壁圆桶和镍棒均与屏蔽引线相连并穿过电解池帽。其中钢制薄壁圆桶内壁镀镍。钢制薄壁圆桶和镍棒与传感器电解池帽之间用密封胶密封，确保电极引线与钢制薄壁圆桶和镍棒之间的连接点不与电解液接触。

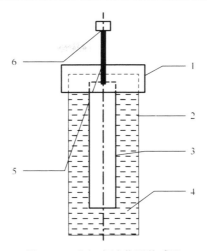

图 4-15　大气腐蚀监测传感器

1-电解池帽；2-钢制薄壁圆桶；3-镍棒；4-电解液；5-屏蔽导线；6-接插件

将镍棒焊接上屏蔽导线先与电解池帽连接并用密封胶固定。在内壁镀有纯镍的钢制薄壁圆桶内盛入适量的氢氧化钠溶液。将镍棒插入钢制圆桶中，将钢制圆桶与电解池帽用密封胶密封，其中钢制圆桶连有电极引线并穿过电解池帽。电极引线与接插件相连便于监测仪的连接。由这个电解池组成的传感器，内部为腐蚀信号监测工作电解池，钢制圆桶内壁的镀镍面为信号检测工作面，外壁为腐蚀反应发生面。将电极引线与恒电位仪（可制成专用监测仪）相连，恒电位仪信号输出端与数据采信器和计算机相连对传感器信号进行采集，实现金属材料于大气环境中腐蚀速率和环境腐蚀性的监测。

将电极引线与恒电位仪（可制成专用监测仪）相连，恒电位仪信号输出端与数据采信器和计算机相连对传感器信号进行采集，实现金属材料于大气环境中腐蚀速率和环境腐蚀性的监测。传感器可在-5～60℃下工作。图 4-16 为实验室和实际大气中测试结果的比较。

该传感器的优点有：①可测量大气环境条件下金属材料的腐蚀速率，以某种材料为标准也可评价环境腐蚀性的变化。由于该传感器是通过腐蚀反应产生扩散进入传感器内部的氢来监测腐蚀反应速度，不依赖金属表面液膜的连续性，因此在环境湿度较低时也可实施监测，弥补了现有叠片式传感器在环境湿度较小时测不到信号的不足。②该传感器在极薄的圆桶内壁镀有镍层，由于镀镍层的催化作用，腐蚀过程中产生的原子氢能够完全被氧化，因此测到的氧化电流即传感器信号输出能够完全反映金属材料的腐蚀行为。③该传感器成本低、工作简单、精度高，较低的腐蚀速率也可通过氢的氧化电流的变化反映出来。④背景电流小。本传感器采用镀镍层，镀镍层同其他镀层相比具有钝化电流小的特点，因而背景电

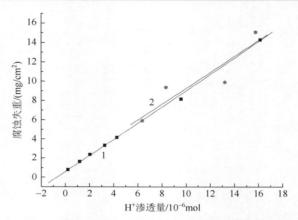

图 4-16　实验室实验结果与实际大气中结果比较

流小。⑤本传感器监测的实现既可设计成专用仪器，也可利用现有恒电位仪与数据记录器和计算机组成监测系统，根据情况有多种实现方式，因而降低了监测成本。

4.2.5　电化学氢传感器的传导介质

传感器传导介质对氢传感器的性能影响很大，如灵敏度、选择性、响应时间和信号的稳定性等。为了改进传感器的性能，传导介质的选择是重要一步。

1. 隔膜

渗透膜作为一种具有选择性的薄膜，能够用来控制气体或离子流入传感器的速率，仅允许所分析的气体进入。膜的选择、孔径大小及膜厚度决定传感器灵敏度和响应时间。有气孔且气体能渗透的膜，由聚合物或无机材料制作而成。常见的膜有固态聚四氟乙烯薄膜、微孔聚四氟乙烯膜和硅有机树脂膜。在选择膜时，主要关注分析物的渗透性、可制造性、膜的厚度和耐用性。在实际应用中，可通过控制膜的质量传输速率控制极限电流，从而制约传感器的灵敏度，随着膜厚度的增加，传感器灵敏度降低。当传感器在一个宽的温度范围内工作，理想的气体膜必须对目标气态分析物有恒定的渗透性，同时具有力学的、化学的和环境的稳定性。具有代表性的渗透膜是聚四氟乙烯膜。膨胀的聚四氟乙烯膜是一种化学稳态物质，具有高气体渗透性，水性电解质类难以通过。

2. 液态电解质

传感器电解质的作用是传输电荷，与所有电极有效地接触，溶解反应物和生成物并传输离子，同时，在使用过程中其化学及物理性质要稳定。大多数氢传感器使用 KOH、H_2SO_4 电解质和 Nafion。

除使用无机物作为电化学氢传感器的电解质外，氢传感器也可以使用生物材料[274]，例如，氢化酶是一种能在氢气、离子（H^+）和电极间催化互变的酶。

3. 聚合物电解质

1）聚合物电解质的优缺点

Bobacka[275]提出了导电聚合物在电化学传感器中使用的可行性。Nafion 具有很好的质子传导率、高气相渗透性、突出的化学稳定性和良好的机械强度。但是，Nafion 的几何尺寸及离子导电率在很大程度上取决于聚合物中的含水量。含水量随着周围介质相对湿度的改变而改变[276]。一般地，每个氟酸盐聚合物膜在高水蒸气压下表现出高离子导电性。由于 Nafion 传导率是相对湿度的函数，因此 Nafion 电解质传感器的信号响应也是湿度的函数[277, 278]。但相对湿度响应并不是一个传感器的主要影响因素，因为湿度可以在很宽的范围内变化且能够消除或补偿。Nafion 和聚合物电解质可用于氢传感器[279]。一些固态聚合物电解质具有卓越的机械和热力学特性，在干燥环境下也具有良好的质子传导性[279, 280]。聚合物这些优良的特性建立在其同时具有高疏水性的氟碳聚合物主链和高亲水性的磺酸基侧链的基础上，亲水侧链作为可塑剂，主链则保持较高的机械性能。

在有些情况下，利用多孔基底中的水凝胶或胶状电解质取代液体电解质有利于降低蒸发速率，防止电解液从传感器中泄漏。聚合物或水凝胶可以减少传感器制备过程中电解液的蒸发，特别是微型传感器所含的电解液非常少。使用聚合物电解质使设计平板式传感器成为可能[250]。聚合物能同时减少电化学传感器的尺寸和重量，并能扩大电化学传感器使用的温度范围。已有的研究表明，聚合物氢传感器适用温度范围为常温至 100℃[261]。

2）聚合物氢传感器的响应特性

电极反应分如下几个步骤，即气体扩散到电极/电解液界面、气体的溶解、气体在表面上的吸附、三相界面的电反应及产物从电极表面的脱附过程[253]。

对于聚合物电位型氢传感器，响应时间是氢气浓度的函数，且浓度越低响应时间越长。对于电流型聚合物氢气传感器，研究表明响应时间和恢复时间都随着氢气浓度的增加而减少[261]。在高浓度下，大量的氢分子到达电极表面，达到稳态的速度会有所提高。

在设计氢传感器时，可采用聚合物电解质直接沉积在金属电极上的方法。机械法、电化学法、化学还原法等[281]均可用于聚合物/电解质镀金属法制备氢气传感器。不同的方法得到不同性质的电极和电极/电解质界面，从而影响传感器的性能。Inaba 等[262]对溅射法、无电沉积和 Pt 粉末成型制备的电位型氢气传感器进行了比较。溅射法制备的电极具有很高的催化活性，该传感器的灵敏度是粉末成型传感器的 16 倍，而无电沉积制备的传感器则很不稳定。

一般来说，传感器响应速率受仪器精密度的限制。Ramesh[282]、Ollison 等[283]研究了 Pt/Nafion 传感器在 4%氢气环境和无氢气环境中的循环响应曲线，渗氢电流曲线有很好的重复性，在整个循环中有较高的测量精度。

对于典型的电位型传感器而言，氢气可以在大多数量级浓度范围内被检测到。电动势与氢气分压的对数非常接近线性关系，但不满足能斯特方程。由于具有快速、线性、可重现且稳定的传感器特征，使其非常适用于检测氢气在空气中的泄漏。因此，传感器性能使得它可以与燃料电池或其他氢气加工设备并用，来监测氢气的爆炸极限。

在环境空气中，氢气传感器灵敏度{E 对 $\log[p(H_2)]$的斜率}曲线通常比能斯特方程计算值高，这是因为电位受电极形貌的影响[284]。沉积在 Nafion 上的电极表现出非-能斯特开路电位[285]，这是至少由两个同时发生的电极反应产生的混合电位，如氢气氧化反应（HOR）和氧气还原反应（ORR）[284]。低氢分压下，传感器电位与氢气分压的对数成线性变化，灵敏度通过 ORR Tafel 斜率推断；高氢分压下，传感器电位与氢气分压的对数成线性变化，灵敏度符合能斯特方程。这两个区间中，电位的急剧变化可通过 HOR 和 ORR 反应的质量传输限制来解释。有研究认为这些特征降低了 Pt 电位型氢气传感器的实用性[279]，但是并没有其他金属更适合氢气氧化反应，理想的金属应该是只对氢气反应有响应。

4. 固态电解质

固态电解质电化学传感器的作用与液体和聚合物电解质传感器类似，但单晶或多晶体中离子迁移率明显比水溶液低。通常固态电解质传感器在高温下工作，以保证在本体固相中有足够高浓度的迁移离子[286]。参与电极反应的固态离子包括气体组分和电子，电极在电极反应中起催化剂的作用。固态电解质质子导体具有化学和物理稳定性，特别是升高温度后，其性能在电化学氢气传感系统方面得到了广泛应用[287-291]，很多固体材料符合制备固态电解质氢传感器的要求。类似于液体系统，典型的用于氢气传感的固态电化学池一般都是采用一个固态电解质膜和一对电极组成。每一种固体材料都有其特定的温度范围，超过这个范围，会拥有必需的质子传导率而且保持稳定。质子迁移率是温度的函数，而且每一种材料都有一个最佳工作温度或温度范围。

1）低温固态电解质

由于材料稳定、腐蚀反应缓慢，传感器在低温下工作具有一定的优势。化合物 $HUO_2PO_4 \cdot 4H_2O$、$Sb_2O_5 \cdot 4H_2O$、$H_4SiW_{12}O_{40} \cdot 28H_2O$、$H_3PW_{12}O_{40} \cdot 29H_2O$、$HSbP_2O_8 \cdot 10H_2O$

和 $H_3Mo_{12}PO_{40}\cdot 29H_2O$ 具有足够的质子传导性，同属低温固体电解质[254, 286]。研究表明惰性气体和空气中氢气浓度为 1%～5% 时，固态传感器不需要维持恒定的温度。Treglazov 等[292]对环境温度–60～60℃条件下的传感器工作状况进行了报道。尽管传感器响应和恢复速度随着温度的降低而降低，但在整个工作温度下，响应随浓度变化的趋势基本不变，这是此类传感器的一个重要优点。

对于低温固态离子导体的研究表明，电位型氢气传感器可以在室温附近工作。P_2O_5-SiO_2 玻璃具有很高的传导率，室温下大约为 10^{-2}S/cm，具有非常好的化学和热力学稳定性，成本也比较低。在相对湿度对低温固态电解质的影响方面，低温固态电解质氢传感器对水蒸气非常敏感，如固态电解质室温质子导体双氧铀磷酸盐、磷酸锆、P_2O_5-SiO_2 玻璃和锑酸等，这些固体电解质的传导率强烈依赖于环境的相对湿度，故一般只在具有一定相对湿度的气体中应用。文献定量研究了相对湿度对 $HSbP_2O_8\cdot H_2O$ 传导率的影响，结果显示，RH 从 0 变化到 100%，传导率发生了 4 个数量级的变化。对于 P_2O_5-SiO_2 玻璃，只能在室温下，相对湿度 50% 或更加潮湿的环境下工作。Chehab 利用 Nasicon 固体电解质设计的电位型氢传感器同样表现出强烈的相对湿度效应，这使得其很难在干燥的环境下工作[293]。

低温杂多化合物固态电解质解决了相对湿度影响的问题。Ponomareva 认为基于水合五氧化锑和磷酸的复合物对湿度不敏感[294]。微分热力学分析证明了这些含水的复合物比纯的 $Sb_2O_5\cdot xH_2O$ 性能更好。$Sb_2O_5\cdot H_2O$-H_3PO_4 电解质的传导率与相对湿度（20%～80%）关系不大。因此，在中等湿度范围内使用含有这种电解质的氢气敏感材料不受湿度变化的影响。实验表明，在一定氢气浓度下，20%～95% RH 变化仅产生 15mV 的电动势变化。此外，基于水合五氧化锑和磷酸的传感器储存在潮湿环境中 4 年没有受到影响[294]。该传感器由 Ag 或 Ag/（Ag+Ag_2SO_4）参比电极、固体复合物电解质及 Pt（或 Pd）氢气敏感电极组成，传感器的最低检测限是 10^{-6}mol/L，传感器的电动势与氢气浓度成对数关系，在氢气含量为 1×10^{-4}～2×10^{-3}mol/L 时，Pt（Pd）氢敏电极电动势对 log（p_{H_2}）作图的斜率分别是 170mV 和 200mV，可能由于空气中混合电位的存在，超过了能斯特值。在温度为 13～30℃ 时传感器的特性与温度无关。Alberti 等[286]利用磷酸锆薄膜解决了低温固体电解质氢气传感器很多应用方面的问题。该复合物是良好的质子导体，在 350℃ 时具有热力学稳定性，能直接在参比电极上沉积得到一层非常薄的膜。

2）高温固态电解质

典型的高温固态电解质是钇稳定氧化锆和钙钛矿，这类电解质仅在温度超过 400℃ 时有足够电导率。它在很宽的温度范围内具有很高的离子电导率且对气体有很高的活性。这类材料熔点高或分解温度高，具有微结构且形态稳定，作为电解质时性能可靠，可长期使用。钙钛矿有两个不同尺寸的阳离子，可以作为多种掺杂添加剂。这种掺杂性可以控制传输和催化性能，优化特定应用中传感器的性能。

典型钙钛矿氧化物有 $SrCeO_3$，$SrCeO_3/Yb$，$SrCeO_3/In$，$BaCeO_3$，$BaCeO_3/Gd$，$SrZrO_3$，$BaZrO_3$ 和 $CaZrO_3$，它们热稳定性高，在蒸气和氢气氛围中，高温条件下（>700℃）表现出可观的质子导电性，可用于氢传感器。

这些离子导电材料的电导率与温度[295]相关。通常加入其他元素来控制电导率，如 $SrCeO_3/Yb$，掺杂 5%的 Yb^{3+}，可以达到最大离子电导率。这些质子导体都是陶瓷材料，特点是不具有高多孔性，但是理论密度可达 96%～99%[296]。由于材料的特殊热力学和化学稳定性，开发的这类氢气传感器已经广泛应用于金属熔炼工业的过程控制。为了生产高质量的铸件，必须减少铸件过程中溶于金属中的氢气，利用氢气传感器可为过程控制提供重要的数据。

前述大多数氧化物与二氧化碳反应，生成碱土金属元素的碳酸盐，所以不是制备用于监测有 CO_2 存在气氛下的传感器的理想材料[297]。例如，当温度在 800℃以下时，$SrCeO_3/Yb$ 与 10% CO_2 反应，该反应在 500℃时就能发生。对于锆酸盐（如 $CaZrO_3$ 和 $BaZrO_3$）不会与 CO_2 反应，且在 H_2O-CO_2 气氛中更稳定。Y-掺杂的 $BaZrO_3$ 表现出高质子电导率和良好的化学稳定性。

研究发现含有 $Sn_{0.9}In_{0.1}P_2O_7$ 的高温固体电解质适用于氢传感器，这种材料传感器的电动势与氢气浓度的对数呈线性关系，且电动势受水蒸气浓度的影响最小[298]。

高温固态电解质的优势在于高精度和灵敏度、可设计为不规则结构、可小型化和浓度测量范围大等。温度升高，电化学气体传感器中的陶瓷固体电解质可以在苛刻条件下探测氢气，如水溶液、电解液、聚合物材料中不能使用的环境。高温工作条件降低了湿度对传感器的影响。采用 Pd 等金属来实现选择性吸附[296]有助于提高传感器的性能。固体 Teflon 膜用于低温传感器[299]，只有几百纳米厚的特殊陶瓷和玻璃（SiO_2 或 Si_3N_4）也可以作为气体的有效屏障，只允许氢气通过。Pd是最好的屏障材料，但 Pd 在氢气中会改变晶型，加入 Ni 或 Ag 合金化可阻止其晶型的转变。如何既不延长传感器的响应时间，又保持高的灵敏度和稳定性，大幅增加使用寿命仍存在挑战性。

4.2.6　电极材料

电极材料是氢传感器的另一关键所在，对传感器检测氢的性能有直接影响。很多液态电解质传感器的设计源于对 Clark 电极的微小改进，如利用处理后的金属膜电极[253, 256]。在后来的电解池中，对贵金属电极进行了微型化或直接将贵金属喷溅到与电极表面相对的聚合物膜一侧[256]。对燃料电池型传感器的电极或气体扩散电极也做了较为深入的研究[295]。

电化学氢传感器电极材料的选择非常关键。其活性直接影响测量的准确性，传感器电极材料的选择随其作用不同而不同。根据传感器电极作用的不同选择材料，参比电极的电位应保持稳定，辅助电极应可长期催化其半电池反应。当然，工作电极应该是传感器反应的理想催化剂。所有的电极都应性能稳定且易加工。

在电化学传感器中，工作电极一般由贵金属制成，如钯、铂或金，可以在电池中与电解液形成一个固定界面。在其他金属腐蚀极化电位下，贵金属一般较稳定。同时，贵金属具有极好的催化性能。此外，碳（石墨和玻碳等）也是常用的工作电极材料。使用 Pt/C 复合物和纳米材料作为气体扩散电极能使电极表面的有效面积最大化，且因为碳是导体，电极可以实现传导性/多孔性的最优组合[260]。

银、钯和铂等贵金属是典型的电极材料，但铂和钯电极具有更好的稳定性、可靠性和响应速度。研究表明[300]银电极的电位型氢传感器在低氢浓度下即使放置 1h 仍不能达到平衡。在氢气浓度为 1%～100%的条件下，Pd 电极传感器响应都非常迅速，信号达到 90%时响应时间低于 10s，研究表明 Pt 电极的响应时间更短。钯不适合做阴极材料，因为钯上氧还原的阴极过电位比较高，而且氢在钯中的溶解度高，是一个扩散控制电极过程。同时，钯作为阴极时会在空气一侧形成氧化物，使催化活性降低。但是，钯是很好的阳极材料，它有高氢气溶解度、大黏附系数和快速扩散系数，非常有利于检测氩气或其他气体中氢含量较低时的氢浓度[253, 256, 301]。

4.2.7 氢渗透分析原理及其影响因素

1. 氢渗透分析原理

当氢在金属材料的两侧存在浓度差时，氢将首先在高浓度一侧（氢渗入侧）的表面上通过表面反应而渗入到金属中，然后在金属内部向低浓度的方向扩散，最后在低浓度一侧（氢溢出侧）的表面上脱附而逃离金属，这一系列过程行为称为氢渗透，如图 4-17 所示。因此氢在材料中的扩散渗透过程包括在渗入侧的氢吸附、溢出侧的氢脱附及在材料中的扩散过程。

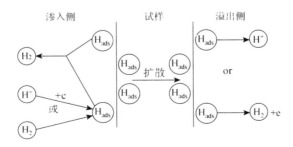

图 4-17 充氢时氢的吸附、扩散与渗透过程示意图

　　根据金属材料所处的气态氢氛围或电解质溶液充氢环境,研究氢在材料中的扩散与渗透通常有超高真空气相氢渗透法[302]和电化学氢渗透法[303]。超高真空气相氢渗透法是利用氢气在材料两侧的高压力差,使氢从高压侧向低压侧进行渗透,从而获得氢渗透过程的瞬态动力学曲线的方法。它反映了氢在材料中的扩散渗透行为[304],实验装置如图 4-18 所示。其工作原理是先将两侧的腔室抽至高真空,再向高压腔室充入一定压力的超纯氢气,随后氢从高压侧向低压侧渗透,并同时用超高真空计测量、检测腔室内氢压力的变化情况,这样就可以精确地测量出渗透到另一侧的氢流量,从而可以获得氢渗透过程的动力学曲线,定量监测氢在材料中的渗透过程[302, 305-310]。该方法适用的温度从常温到 800℃,尤其适用于高温环境下的测量。另外,超高真空气相氢渗透法同样适用于非导电的涂层材料。但该方法的不足之处是实验装置的构建和操作都很复杂、费用昂贵,另外对于各腔室的密封性要求非常高。而电化学氢渗透法的实验设备简单、操作也很简便且灵敏度高,广泛用于实验室的电化学氢渗透研究。

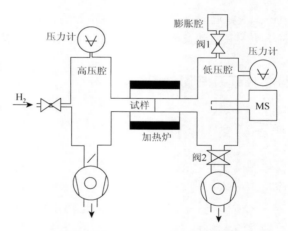

图 4-18　超高真空气相渗透装置简图[302, 305]

　　氢渗透的电化学测量方法的原理前文已进行描述。

　　首先在试样阳极侧施加一个恒定电位,当阳极侧所测的背景电流密度值降低到 $0.1\mu A/cm^2$ 以下时,阴极侧开始施加一个恒定电流进行阴极充氢,充氢电流密度的大小视需要而定。在阴极侧试样表面产生的氢原子首先在阴极侧表面吸附、吸收,然后通过试样进行扩散,最后在试样阳极侧逸出,此时由阳极恒定电位对逸出的氢原子进行氧化,由恒电位仪和数据记录器或计算机采集数据记录氢渗透电流密度-时间的瞬态过程曲线。

　　电化学电解充氢时,充氢侧电解液的组分、温度、电流密度、阳极侧参比电极的选取及充氢电位的选择，以及试样本身的材质状况等对氢渗透实验结果都有重要影响。因此，对于不同的实验需要确定合适的电化学氢渗透条件。

电解充氢时使用的溶液一般分为酸性溶液（通常为稀 H_2SO_4 溶液）和碱性溶液（通常为稀 NaOH 溶液）。酸性电解液的电导率较高，反应产生的氢量较大，但电解溶液的腐蚀性较强。由于碳钢在酸性电解液中容易产生腐蚀反应，所以一般不采用酸性电解溶液，而采用碱性电解溶液。由于奥氏体不锈钢和镍基合金具有一定的抗腐蚀能力，且氢在奥氏体不锈钢中的扩散系数极低，在研究氢在不锈钢和镍基合金中的扩散行为时需要在阴极提供更多的氢原子，故采用电导率较高的酸性电解溶液。在电化学氢渗透实验的阳极侧，通常选用 0.1mol/L 的 NaOH 或 KOH 溶液作为电解液。

研究氢在金属中的扩散与渗透，定量的方法主要有阴极过程量气法[311]、电化学测量法[311]、高真空测量法[312]和核物理法[313]。电化学测量法的设备简单，灵敏度高，测量方便、快速、准确，因而被广泛用于氢渗透研究中。

电化学渗氢技术虽有多种，但它们的基本原理都是相同的，即将试样作为研究电极，放在两个不相通的电解池之间，试样的一侧处于自腐蚀或阴极充氢的状态，另一侧在一定浓度的氢氧化钠溶液中处于阳极氧化状态，把由充氢侧扩散过来的氢原子氧化，氢原子的扩散速率就是其氧化电流密度。对于电化学渗氢，可用菲克第二定律来描述氢在金属中的扩散行为：

$$\frac{\partial c(x,t)}{\partial t} = D\frac{\partial^2 c(x,t)}{\partial x^2} \tag{4-23}$$

式中，D 是氢在金属中的扩散系数；$c(x, t)$是氢在金属内部的浓度分布函数。当氢渗透达到稳态时，由菲克第一定律可以求出阳极电流：

$$I(t)_{x=L} = -nDAF\left[\frac{\partial c(x,t)}{\partial x}\right]\Bigg|_{x=L} \tag{4-24}$$

式中，L 是试样厚度；n 是转移电子个数（对于氢，$n=1$）；F 是法拉第常量；A 是试样的有效充氢区域面积。氢渗透电流密度为

$$J(t)_{x=L} = -nDF\left[\frac{\partial c(x,t)}{\partial x}\right]\Bigg|_{x=L} \tag{4-25}$$

式中，$J(t)=I(t)/A$ 是氢渗透电流密度，A/m^2。

根据实验边界条件的不同可以把电化学渗氢技术分为以下几类：①逐步法；②非稳态电位时间滞后法；③脉冲法；④强制振荡法；⑤自激振荡法；⑥比较析氢法。每种电化学渗氢技术都有各自相对应的实验设备和数学分析方法。

时间滞后法是测量氢在金属中的扩散最常用的方法，此方法最早由 Devanthan 和 Stachurski 共同提出。试样充氢一侧的边界条件与逐步法相同，即试样析氢侧施加阳极电位，发生氢化反应从金属中析出的氢原子，使试样表面氢浓度近似为

零。假设试样内部初始氢均匀分布，当 $t=0$ 时，试样充氢侧氢浓度增加到 C_0，然后保持恒定；在试样析氢侧，氢浓度保持为零。试样中氢浓度的分布必须满足：

$$t=0, \quad c(x, 0)=0, \quad 0 \leqslant x \leqslant 1;$$
$$t>0, \quad c(0, t)=C_0, \quad c(l, t)=0$$

由上述初始和边界条件可以求得金属内部氢浓度分布函数为

$$c(x,t) = C_0 - C_0 \frac{x}{L} + \frac{2}{\pi} \sum_{n=1}^{\infty} \frac{-C_0}{n} \sin\left[\frac{n\pi x}{L}\right] \exp\left[-\frac{Dn^2\pi^2 t}{L^2}\right] \tag{4-26}$$

求得阳极氢渗透电流为

$$J(t)_{x=l} = J_{\infty}\left[1 + 2\sum_{n=1}^{\infty}(-1)^2 \exp\left[-\frac{Dn^2\pi^2 t}{L^2}\right]\right] \tag{4-27}$$

可以求得

$$t_i = \frac{\ln 16}{3} \frac{L^2}{\pi^2 D} \tag{4-28}$$

$$t_b = 0.5 \frac{L^2}{\pi^2 D} \tag{4-29}$$

$$t_L = \frac{1}{6} \frac{L^2}{D} \tag{4-30}$$

式（4-26）～式（4-30）都可以求出氢扩散系数 D。

2. 氢渗透分析的影响因素

1）参比电极的选取及阳极侧极化电位的确定

在电化学氢渗透实验当中，薄片试样的一个面用作阳极施加一个合适的恒定电位，用以氧化从阴极侧扩散过来的氢原子。但这个恒定电位的设定需要参照一个合适的参比电极。常用的参比电极有饱和甘汞电极（以饱和 KCl 溶液为电解液的甘汞电极）、Ag/AgCl 电极、硫酸亚汞电极、Hg/HgO 电极及纯金属电极等。Hg/HgO 参比电极常用于强碱溶液中。金属镍在碱性溶液中是非常稳定的，电位波动很小[241]。因此，Hg/HgO 电极或纯金属 Ni 电极在碱性电解液中可用作参比电极。

阳极侧施加的电位要满足既能使扩散过来的氢原子被完全氧化，又不发生其他的电化学反应。当采用 Hg/HgO 电极作参比电极时，对于镀镍阳极侧合适的氧化电位范围在 0.15V vs. Hg/HgO 至 0.3V vs. Hg/HgO，均能满足要求。为了找到镍电极作参比电极时阳极面能够施加的合适的氧化电位范围，首先在 0.5mm 厚的低碳钢基体的一侧镀一层约 1μm 厚的镍。然后采用上述的电化学氢渗透装置，将试样的镀镍面朝向阳极室，阳极室电解液为 0.1mol/L 的 NaOH 溶液；试样的另一面朝向阴极室，阴极室装有 0.1mol/L NaOH+1g/L CH$_4$N$_2$S 溶液。采用 Ni 电极作参比电极。阴极侧充氢电流密度设为 1mA/cm^2。在氢渗透达到稳态后，进行扫描速率为 1.0mV/s 的动电位扫描。结果表明，当在阳极侧施加的电位处于 -0.36V vs. Ni 至 0.19V vs. Ni 之间时，随着阳极侧施加的电位值增大，氢原子被氧化的电流密度也增大，这说明阳极侧电位值在这个范围时，不能够及时地电离掉从阴极侧扩散过来的氢原子。当阳极侧施加的电位处于 0.19V vs. Ni 至 0.48V vs. Ni 之间时，阳极侧氢渗透电流密度达到稳态值，不再随电位值的变化而变化，说明电极电位在这个区间时，能够将从充氢侧扩散到阳极侧的氢原子离子化。而当阳极侧电位值大于 0.48V vs.Ni 时，阳极侧所测得的电流密度开始上升，这说明阳极侧表面的镀 Ni 层开始溶解。若继续加大阳极侧电位值，阳极侧所测得的电流密度急剧上升，这说明镀 Ni 层开始大量溶解，并遭到破坏。据此可知，阳极侧镀 Ni 层处扩散氢原子的氧化电位在 0.19V vs. Ni 至 0.48V vs. Ni 之间时比较合适。由于 Hg/HgO 电极或 Ni 电极的电位与溶液浓度有关，具体电位的选取需根据实验条件确定。

2）阴极充氢侧电解液中毒化剂的影响

在电化学氢渗透实验中，一般要在阴极充氢侧的电解液中加入毒化剂。这些毒化剂具有氢重组反应负催化剂的作用，加入毒化剂以后可以延缓或阻止氢原子重新结合成氢分子从阴极侧的吸附表面逸出，在很大程度上增加了进入试样中的氢量。这些毒化剂甚至在低浓度的电解液中都可发挥其作用。研究证实最有效的毒化剂为元素周期表中的第 V 族和第 VI 族元素[314]，在阴极极化过程中可以显著提高氢进入试样中的量。一些阴离子（氰化物和碘等）和碳化合物（如碳硫化合物、一氢化碳和尿素等）也有毒化作用，但效果较差[315]。某些有机化合物，如硫脲，毒化作用也很强。最常见的促进氢进入的毒化剂有 Na$_2$S、As$_2$O$_3$ 及砷化盐（Na$_2$HAsO$_4$·7H$_2$O、NaAsO$_2$、Na$_3$AsO$_2$）等。

研究表明[234]，阴极侧电解液添加毒化剂（Na$_2$S 或 CSN$_2$H$_4$）后的氢渗透电流密度曲线明显高于没有添加毒化剂的曲线，其最大稳态电流密度也远远高于没有添加毒化剂的最大稳态电流密度。添加硫脲的溶液的氢渗透速率是最高的。由于添加毒化剂后有更高的氢渗透通量，因此，通过添加毒化剂的结果得到的有效扩散系数将比通过没有添加毒化剂得到的有效扩散系数更精确[316]。在基体试样增加阻氢涂层后，如果阴极侧电解液中没有添加毒化剂，在氢经过带有阻氢涂层的试样后，可能就很难在阳极侧被检测到。

3）表面状态对氢渗透行为的影响

材料的表面状态对氢渗透行为影响很大。相同的金属材料，不同的表面状态，会得到不同的实验结果。Louthan 等[317]研究了不锈钢不同表面状态对氢渗透行为的影响，结果表明，不锈钢表面在经过机械抛光、电解抛光或机械加工等不同方式处理后得到的氢渗透速率结果差别很大，认为经过不同方式处理后，材料表面生成的氧化膜厚度不同。研究也表明试样的表面状态对电解充氢侧表面的氢浓度有较大影响[157]。因此，在研究氢在奥氏体不锈钢或低碳钢中的氢渗透行为时，需保证各试样的表面状态一致，即制备试样时采用相同的处理工艺。另外，在试样阳极侧施加阳极电位检测氢的渗透行为时，试样的表面状态、阳极侧表面的溶解、阳极侧电解池内的残余氢原子、其他微小的杂质微粒的电离等因素都会对氢渗透行为的实验结果产生很大影响，在施加阳极电位时会形成一定的背景电流。因此，为了避免这些因素对实验结果造成影响，在阴极侧充氢实验开始前，先在阳极侧施加合适的恒定电位，当阳极侧背景电流降低到 $0.1\mu A/cm^2$ 以下时，阴极侧再开始恒电流充氢，在数据处理时应扣除背景电流的影响。

第 5 章　AISI 4135 钢浪花飞溅区腐蚀及包覆防护技术对腐蚀的抑制作用

5.1　AISI 4135 钢在浪花飞溅区的润湿特征及规律

　　海洋腐蚀环境分为 5 个区带：海洋大气区、浪花飞溅区、潮差区、全浸区和海底泥土区[11]。国内外的实验[11, 12 17, 52]均表明浪花飞溅区是最苛刻的腐蚀环境，钢铁材料的腐蚀速率为 0.3～0.5mm/a。朱相荣等[52]在湛江、青岛、厦门海区的 3C 钢长尺挂片实验结果显示在浪花飞溅区腐蚀速率高，出现典型的峰值曲线；美国 Kure 海滨的长尺和短尺钢样的腐蚀状况虽有差别，但浪花飞溅区的腐蚀速率都是最大的[318]；日本学者的研究[319]也表明浪花飞溅区的腐蚀速率最大。近年来，Ramana 等[63]的研究再一次证实了这一现象。浪花飞溅区的范围和腐蚀峰值的位置与海域地理位置和气象条件有关，有一定的分散性。国外[51, 320, 321]的研究确定浪花飞溅区在平均高潮线（MHWL）以上 0～1m，腐蚀峰值在 0.5m 处；朱相荣等[12, 51, 52]的研究确定我国沿海港湾的浪花飞溅区为 0～2.4m，腐蚀峰值在 0.6～1.2m 处。

　　由于钢铁材料在浪花飞溅区腐蚀速率高，具有和其他腐蚀区带不同的特点，研究人员对浪花飞溅区的腐蚀机理进行了探讨。浪花飞溅区腐蚀严重的外因为供氧充分、浪花的冲击和润湿、日光照射形成干湿交替的环境、海盐粒子的积聚量要比海洋大气中高 3～5 倍，甚至十几倍，而且在峰值附近含盐粒子量更高[15]。也有研究[15,51]表明，腐蚀产物参与浪花飞溅区腐蚀电化学过程是腐蚀严重的内因。锈层结构分析是解释浪花飞溅区锈蚀严重的另一个途径[60, 63]。

　　浪花飞溅区和大气区的腐蚀影响因素有些是相近的，如供氧充分、日光照射、干湿交替、一般无海生物附着等，但腐蚀行为却不同。腐蚀电化学过程离不开电解质溶液。浪花飞溅区的腐蚀行为和特点与表面的润湿状态关系很大。浪花飞溅区高的海盐粒子积聚量也与浪花飞溅引起的高润湿状态密切相关。浪花飞溅区的润湿特点应是浪花飞溅区腐蚀严重的重要原因。浪花飞溅区的腐蚀峰值现象可能与不同位置处的润湿规律不同有关，但已有研究并未对此给出明确的解释。本节对 AISI 4135 钢表面在浪花飞溅区不同位置处的润湿行为进行了观察和测量，利用润湿程度与导电性的关系实时采集浪花飞溅区不同位置处的润湿程度数据，探讨了浪花飞溅区不同位置处的润湿状态与腐蚀行为的关系。

　　研究结果表明，浪花飞溅区试样表面的润湿状态与潮汐变化有关，大体上呈潮位升高润湿程度加大、潮位降低润湿程度降低的整体趋势。但在同一时刻试样的润湿状态与潮位和试样的位置关系具有不确定性；试样的润湿程度随暴露时间的增加有增加的趋势；浪花飞溅区由于飞溅的海水泡沫及较高的空气湿度的作用，即使在低潮区仍然处于湿润状态，这与腐蚀产物具有较高的吸湿特性有关；碳钢在浪花飞溅区腐蚀速率的极值点对应某一特定的润湿程度，在极值点以下常能观察到由于浪花飞溅、水汽凝结出现的肉眼可见液膜，这和金属腐蚀速率与表面液膜厚度的关系相一致。

5.1.1　浪花飞溅区试样表面润湿程度测试装置

　　所用材料为 AISI 4135 钢，其化学成分为（质量分数%）：0.399C，0.903Cr，0.204Mo，0.509Mn，0.293Si，0.080Ni，0.015P，0.014S，Fe 余量。于 860℃盐浴中加热 50min，370℃等温淬火 30min。有、无锈层覆盖试样表面的润湿状态的观察使用 NTX-5C 体式显微镜。浪花飞溅区试样表面润湿状态测试装置如图 5-1（a）所示。从高潮线开始每隔 10cm 放置一个用于测量表面润湿状态的试样固定在实验架上，共 10 个试样。每个试样由两片密封在密封材料中的 AISI 4135 钢片组成，两个钢片之间绝缘，钢片大小 0.2cm×1cm。实验前试样用砂纸逐级打磨至 600$^{\#}$，于酒精中进行超声波清洗。按照图 5-1（b）所示电路连接试样，用 HIOKI 8430-21 数据记录器记录电阻器 R 两端的电压变化，根据电路的电阻 R、供电电源电动势 E 计算试样的阻抗并换算成导纳 Y。试样表面的润湿程度越大，导纳越大。当试样表面完全干燥时导纳为 0。把试样完全浸没在待试海域的海水中，此时试样表面完全润湿，测量得到的导纳认为是 100%润湿对应的导纳 Y_1，则试样在浪花飞溅区对应的润湿程度 DW 与导纳 Y 的关系式为

$$DW = \frac{Y}{Y_1} \times 100\% \tag{5-1}$$

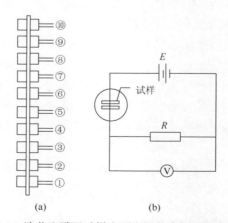

(a)　　　　　　　　　　(b)

图 5-1　浪花飞溅区试样表面润湿状态测试装置简图

（a）试样表面润湿状态测试实验架；（b）试样表面润湿状态测试电路图

5.1.2　浪花飞溅区试样表面润湿状态的发展

试样润湿状态测试从 2013 年 5 月 31 日开始，6 月 6 日结束，期间无降雨，海浪 0.8～1.2m。测试在青岛麦岛海洋腐蚀实验站进行。图 5-2 为 2013 年 5 月 31 日至 6 月 1 日各试样的测试结果。图 5-2 中横轴时间为从 2013 年 5 月 31 日 00:00 计时。测试开始时间为 2013 年 5 月 31 日 15:31，为低潮位。随着潮位上涨，位置低的 1 号和 2 号试样首先润湿。从图中也可以看到浪花飞溅区试样的润湿有一定的随机性，也有位置较高的试样比位置较低的试样先润湿的情况，如 4 号试样比 3 号试样先润湿。试样的润湿状态与试样上形成的腐蚀产物也有关系，4 号试样和 7 号试样在润湿以后无论低潮位或高潮位润湿程度一直维持在较高水平，说明 4 号试样和 7 号试样腐蚀发展较快，腐蚀产物较厚且不易脱落，吸附了较多的海水。其他试样的表面润湿状态大体上呈潮位升高润湿程度加大，潮位降低润湿程度降低的整体趋势。但在同一时刻试样的润湿状态与潮位和试样的位置关系具有不确定性。实验观察还发现随着实验时间的延长，即使是在低潮位，试样的润湿程度随暴露天数的增加也有增强的趋势。图 5-3 为 1 号试样 2013 年 6 月 4 日的润湿状态，低潮位时湿润状态良好，最低润湿程度在 10% 以上，这一点与大气腐蚀试样表面的状态有较大区别。在大气区试样表面的润湿状态与潮位的变化关系不明显且润湿程度较低。

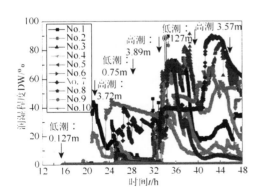

图 5-2　浪花飞溅区试样表面润湿状态与潮汐变化的关系

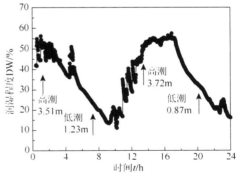

图 5-3　2013 年 6 月 4 日浪花飞溅区 1 号试样的润湿状态与潮汐变化的关系

图 5-4 是具有代表性的距离平均高潮位 0.1m、0.3m、0.5m 和 0.9m 处的试样低潮位时的润湿程度与暴露天数的关系。由于数据较为分散，为了说明润湿程度与暴露时间的变化关系，本书对润湿程度和时间的关系进行了拟合，根据斜率的

正负判断润湿程度的变化趋势。虽然润湿程度的波动较大，但线性拟合均具有正的斜率，说明试样低潮位的润湿程度随暴露时间有增加的趋势。图 5-5 为试样的平均润湿程度与暴露天数的关系，线性拟合亦均具有正的斜率，说明试样的平均润湿程度同样随暴露时间有增加的趋势。这些结果说明碳钢在浪花飞溅区一直处于润湿状态，在低潮位时也有较高的润湿程度。从图 5-4 和图 5-5 也可以看到，在浸泡 3d 后腐蚀产物已完全覆盖的距离平均高潮位较近的试样的润湿程度基本上是波动的，润湿程度随时间增加的趋势已减小。

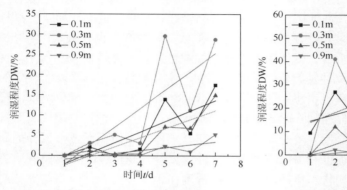
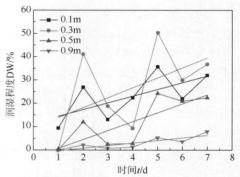

图 5-4　低潮位时试样的润湿程度　　　　　　图 5-5　试样的平均润湿程度
　　　　与暴露时间的关系　　　　　　　　　　　　与暴露时间的关系

　　实验周期内试样的平均润湿程度与试样位置的关系见图 5-6。试样位置增高，润湿程度下降。试样的润湿程度与试样距离高潮线的高度大体符合线性关系，回归相关系数为 85%。

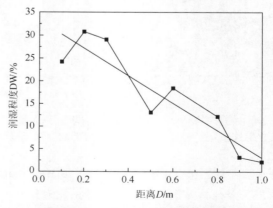

图 5-6　试样的平均润湿程度与其距离平均高潮线距离的关系

5.1.3　浪花飞溅区试样表面润湿状态与腐蚀发展的相关性

　　测试试样在浪花飞溅区润湿的过程中，试样的腐蚀状态也发生改变。经过打磨的新试样约 2h 后在高潮线附近即出现锈斑。试样在浪花飞溅区的润湿状态与试样表面的腐蚀状况有关。图 5-7 为一滴海水分别在无锈试样和带锈试样上的润湿情况，海水水滴在无锈试样表面尚能保持水滴的基本形状，并不向周围快速扩展；而海水水滴在锈层表面快速扩展并渗入锈层中。同样，在无锈试样表面预置腐蚀产物，并将其放置在底部盛有海水的容器中，24h 内在试样表面就有可见液滴形成，而 24h 内在洁净的无锈试样表面无可见液膜形成（图 5-8）。可见，腐蚀产物可增加试样表面的润湿性。

(a)　　　　　　　　　　　　　　(b)

图 5-7　海水液滴在无锈和带锈试样上的润湿情况

（a）无锈；（b）有锈

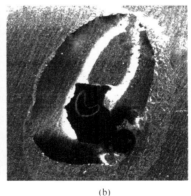

(a)　　　　　　　　　　　　　　(b)

图 5-8　无锈和带锈试样的吸湿情况

（a）无锈；（b）有锈

5.1.4　浪花飞溅区试样表面润湿状态与腐蚀速率的关系

图 5-9 为朱相荣等[51]在青岛海洋腐蚀试验站获得的浪花飞溅区碳钢的腐蚀速率。腐蚀速率峰值出现在 MHWL 以上 0.6m。参照图 5-6，将腐蚀速率对润湿程度的关系作图，见图 5-10。腐蚀速率的极值对应某一特定的润湿程度。润湿程度在某种程度上代表了试样表面电解质液膜的厚度。润湿程度大的试样其表面电解质液膜的平均厚度相对也大。对比金属腐蚀速率与表面液膜厚度的关系图[322]，腐蚀速率的极值对应Ⅱ区肉眼不可见薄液膜层（10nm～1μm）和Ⅲ区肉眼可见的液膜（1μm～1mm）的交界处。浪花飞溅区腐蚀速率的极值点以下常能观察到由于浪花飞溅、水汽凝结出现的肉眼可见液膜，这与金属腐蚀速率和表面液膜厚度关系的描述是一致的。

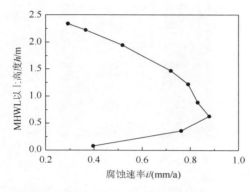
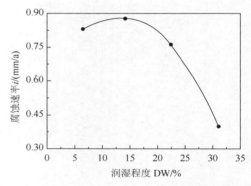

图 5-9　碳钢在青岛海区浪花飞溅区 3 个月的　　　图 5-10　碳钢在浪花飞溅区的腐蚀速率与润
　　　　腐蚀速率实验结果[9]　　　　　　　　　　　　　　湿程度的关系

5.2　不同热处理后 AISI 4135 的腐蚀行为

5.2.1　材料及研究方法

无特殊说明，本书中所用于实验的试样均为 AISI 4135 钢。AISI 4135 钢的成分组成见表 5-1。试样采用四种不同的热处理方式，如表 5-2 所示。

表 5-1　AISI 4135 钢的成分组成

元素	C	Si	Mn	P	S	Cr	Mo	Ni	Fe
质量分数/%	0.399	0.293	0.509	0.015	0.014	0.903	0.204	0.08	余量

表 5-2　AISI 4135 钢的热处理方式

试样编号	热处理方式
A	860°C 保温 50min，370°C 等温淬火 30min，空冷
B	860°C 保温 50min 油淬+200°C 回火 1h 空冷
C	860°C 保温 50min 油淬+550°C 回火 1h 空冷
D	1120°C 保温 20min+860°C 保温 10min 油淬+200°C 回火 1h 空冷

　　热处理方式不同，所得到试样的金相组织不同。用体积分数为 3%的硝酸酒精溶液腐蚀，然后用 OLYMPUS GX51 型金相显微镜进行组织观察，如图 5-11 所示。试样 A（等温淬火）主要为贝氏体组织，还有少量的残留奥氏体；试样 B（常规淬火）为短小的马氏体组织；试样 C（常规淬火）为回火马氏体和少量的铁素体、珠光体；试样 D（分级淬火）主要为粗大的马氏体组织并显示出原奥氏体晶粒。

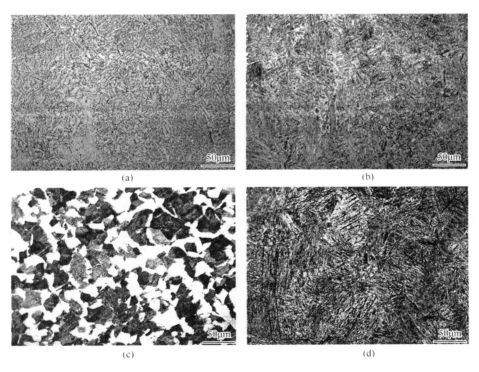

图 5-11　不同热处理后的试样金相组织

（a）试样 A；（b）试样 B；（c）试样 C；（d）试样 D

　　电化学测试的试样规格为 ϕ10mm×10mm 大小，用乙醇进行超声清洗，然后将其用环氧树脂进行密封，室温固化 24h 以上。将制备好的试样用水磨砂纸 240～

1000#逐级打磨至镜面,用乙醇清洗干净后立即用吹风机吹干,放入干燥箱备用。

实验所采用 PARSTAT 2273 电化学工作站,实验介质为天然海水,实验采用三电极体系,工作电极为未进行包覆的 AISI 4135 钢试样,辅助电极为铂电极,参比电极体系由盐桥和饱和甘汞电极(SCE)组成,EIS 测试试样频率扫描范围为 100kHz~10MHz,测量振幅选择为 10mV。室内模拟浪花飞溅区腐蚀条件,设定工作电极浸泡海水的时间为 6h,干燥 18h,周期为 15 天,每天更换新鲜的天然海水。Tafel 极化曲线的扫描速率为 1mV/s,扫描范围为 –250~+250mV(vs SCE)。

5.2.2　极化曲线测试结果

图 5-12 为不同热处理后的试样在海水中测得的极化曲线,表 5-3 为拟合计算得到的电化学参数,E_{corr} 为腐蚀电位,i_{corr} 为腐蚀电流密度,较高的腐蚀电位和较低的腐蚀电流密度可以说明试样有较好的耐蚀性。由图中曲线变化和表中参数对比可知,热处理方式不同试样的内部组织也不同,拟合后得到的参数差别不大,试样 A 和 D 的耐蚀性较试样 B 和 C 略好。

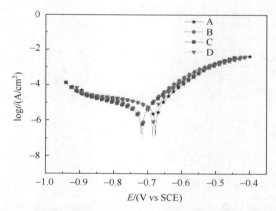

图 5-12　不同热处理的 AISI 4135 钢在天然海水中测得的极化曲线

表 5-3　不同热处理的 AISI 4135 钢极化曲线拟合结果

试样	A	B	C	D
E_{corr}/(V vs SCE)	–0.678	–0.716	–0.719	–0.686
i_{corr}/(A/cm^2)	5.951×10^{-6}	9.656×10^{-6}	7.207×10^{-6}	4.733×10^{-6}

5.2.3　不同热处理后 AISI 4135 试样的 EIS 测试

图 5-13 和图 5-14 分别为四种试样在没有保护条件下得到的 Nyquist 图和

log$f$-log$|Z|$图。由图可知，经不同热处理后试样的 Nyquist 图变化趋势是相同的，在干湿循环初期，Nyquist 图为一个半圆，随干湿循环次数增多腐蚀加速，试样表面的腐蚀产物增多，由于金属表面生成的腐蚀产物不能阻止腐蚀的发生，腐蚀产物会发生由金属表面向溶液或锈层的转移，试样的 Nyquist 图逐渐表现为一条斜

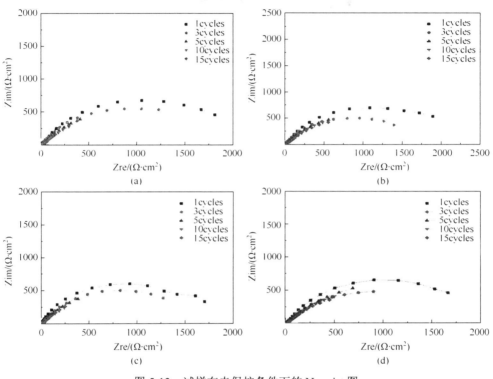

图 5-13　试样在未保护条件下的 Nyquist 图

（a）试样 A；（b）试样 B；（c）试样 C；（d）试样 D

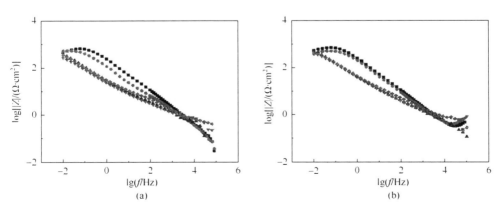

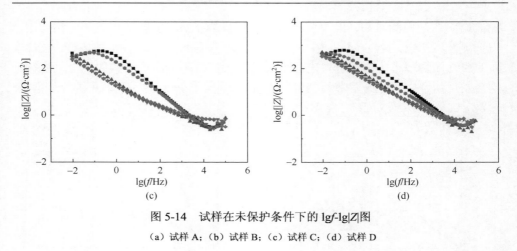

图 5-14　试样在未保护条件下的 lgf-lg|Z|图

（a）试样 A；（b）试样 B；（c）试样 C；（d）试样 D

线。由 logf-log|Z|图也可以看出四种不同热处理的试样经过多次干湿循环后在低频区的阻抗值相差不大，阻抗值较小，说明锈层的生成并不能起到很好的保护作用，不能阻止试样的进一步腐蚀。

5.2.4　热处理对 AISI 4135 钢腐蚀影响分析

图 5-15 为在开路电位条件下，试样在天然海水中 EIS 测试结果的比较。体系的等效电路如图 5-16 所示，R_s 为电解液电阻，R_{ct} 为电荷转移电阻，CPE 为金属/海水界面的常相位角元件。由 ZSimpWin 软件将得到的阻抗数据按图 5-16 所示等效电路拟合，得到的电化学参数如表 5-4 所示。图 5-16 的 Nyquist 图为一个小半圆，由图和拟合后得到的阻抗拟合参数可知，四种试样中试样 A、D 的电荷转移电阻相对较高，较高的电荷转移电阻代表着较好的抗腐蚀性能，这与极化曲线的结果是一致的，但总体来说差别不大。

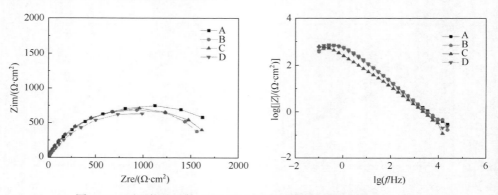

图 5-15　不同热处理的 AISI 4135 钢在天然海水中测得的 EIS 结果

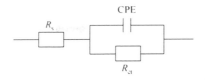

图 5-16　阻抗谱的等效电路图

表 5-4　不同热处理的 AISI 4135 钢电化学阻抗拟合参数

试样	A	B	C	D
$R_s/(\Omega\cdot cm^2)$	2.607	4.547	4.541	3.093
$R_{ct}/(\Omega\cdot cm^2)$	1875	1779	1822	1892

为了更进一步分析电化学阻抗对 AISI 4135 钢腐蚀行为的影响，本书做了大量的重复实验并进行了统计分析（表 5-5）。

表 5-5　统计分析相关数据结果

试样	R_{ct}			
	A	B	C	D
1	1973	1560	1492	2022
2	2131	—	2183	1952
3	—	2320	1868	1904
4	2309	1604	1892	2481
5	1598	2354	—	2442
6	2560	—	1782	2247
7	1875	1409	1893	1779
8	—	1639	1887	1822
9	1910	1491	2458	2452
10	—	1567	—	1553
11	2017	1531	2436	2457
12	2416	1725	2035	—
13	2042	—	1688	2025
14	2226	1912	2100	2329
15	2104	1536	2293	—
n	12	12	13	13
$\bar{R}_{ct}$	2096.75	1720.67	2000.54	2112.69
S^2	806302.8	585162.1	565980.3	633834

假设得到的数据符合正态分布，两组正态总体等方差的前提是 *t*-test，*F*-test

用来证明两组正态总体的方差齐性，公式如下：

$$F = \frac{S_1^2}{S_2^2} \tag{5-2}$$

S_1^2 是相对比较大的方差，S_2^2 是相对比较小的方差，假设 $\alpha=0.05$，如果 $F < F_\alpha$ (n_1-1, n_2-1)，则两组正态总体的方差可以认为是没有显著性差异。如表 5-5 结果所示，不同热处理后试样的电荷转移电阻基本是没有显著性差异的，可以用 t-test 来进一步计算证明。

$$T = \frac{\overline{X}_1 - \overline{X}_2}{\sqrt{\frac{1}{n_1} + \frac{1}{n_2}} \cdot \sqrt{\frac{(n_1-1)S_1^2 + (n_2-1)S_2^2}{n_1 + n_2 - 2}}} \tag{5-3}$$

设 $S^* = \sqrt{\dfrac{(n_1-1)S_1^2 + (n_2-1)S_2^2}{n_1 + n_2 - 2}}$，假设 $\alpha=0.05$，如果

$$\left| \overline{X}_1 - \overline{X}_2 \right| < t_{\alpha/2}(n_1+n_2-2) \sqrt{\frac{1}{n_1} + \frac{1}{n_2}} \cdot S^* \tag{5-4}$$

则两组正态总体的平均值可以看作是没有显著性差异的。设 $Y = t_{\alpha/2}(n_1+n_2-2)$ $\sqrt{\dfrac{1}{n_1} + \dfrac{1}{n_2}} \cdot S^*$，则不同试样间的 $\left| \overline{X}_1 - \overline{X}_2 \right|$ 值如表 5-6 所示。由表可知，四种不同热处理方式对试样的腐蚀行为没有明显影响。

表 5-6　F-test 和 t-test 的计算结果

	A-B	A-C	A-D
F	1.3779	1.4246	1.2721
F_α	2.8179	2.7173	2.7173
$\left\| \overline{X}_1 - \overline{X}_2 \right\|$	376.08	96.21	15.94
Y	706.24	683.46	701.00

5.3　腐蚀产物分析

利用扫描电子显微镜（SEM）对试样的腐蚀形貌进行观察，SEM 分析测试所用的仪器是日本生产的 Tabletop Microscope/TM3030/HITACHI，加速电压 15kV。利用 X 射线衍射（XRD）分析腐蚀后的锈层成分，XRD 测试所用的仪器是日本产的 X-Ray Diffractometer/Ultima IV/Rigaku，加速电压是 40kV，范围为 10～80°，扫描速度为 20°/min。

　　试样表面有锈生成并被锈层覆盖后，其腐蚀过程不再是简单的金属阳极溶解和氧的阴极还原，而是一种十分复杂的多种物质参与的氧化还原反应。浪花飞溅区腐蚀严重的一个重要原因是由于在浪花飞溅区形成了不同于其他腐蚀区带的锈层结构。

　　图 5-17 为不同热处理后的 AISI 4135 钢进行氢渗透实验后腐蚀产物 SEM 分析，由图可知，四种热处理过的试样其腐蚀产物的形貌基本相同，比较疏松，将四种腐蚀产物分别放大 1500 倍后可以看到腐蚀产物大多为不规则的粒状物，最大的粒子直径可达到 10μm，腐蚀产物中存在着大小不一的小孔和裂缝。这些小孔和裂缝在一定程度上可以为腐蚀过程中的水分和氧气提供传输通道，可能会加速试样的腐蚀。

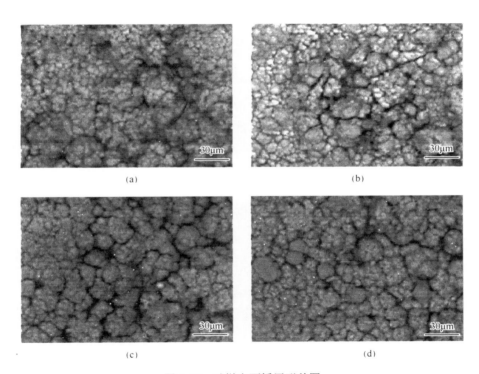

(a)　　　　　　　　　　　　　　(b)

(c)　　　　　　　　　　　　　　(d)

图 5-17　试样表面锈层形貌图

（a）试样 A；（b）试样 B；（c）试样 C；（d）试样 D

　　由图 5-18 腐蚀产物的 XRD 分析也可以看出，经过同一周期的循环后，四种热处理试样的腐蚀产物基本相同，主要为 γ-FeOOH（纤铁矿）、α-FeOOH（针铁矿）和 α-Fe$_2$O$_3$（赤铁矿）。

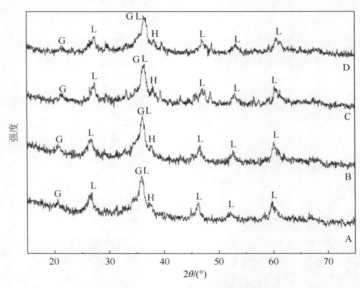

图 5-18　腐蚀产物的 XRD 图谱

G-针铁矿；L-纤铁矿；H-赤铁矿

通过扫描电镜和 X 射线衍射实验可以证明，四种热处理过的试样其腐蚀产物的形貌基本相同，腐蚀产物的成分也基本相同，四种不同的热处理方式对 AISI 4135 钢腐蚀产物的形貌和成分都没有明显的影响。

5.4　复层矿脂包覆技术简介

中国科学院海洋研究所[137]在承担"十一五"国家科技支撑计划项目期间，通过与日本中川工业防腐有限公司、日东电工有限公司等单位的国际合作，并通过自主研发，开发了一套具有自主知识产权的可带水操作的海洋钢结构浪花飞溅区新型复层矿脂包覆防腐技术（PTC），并且申请了 3 项国家发明专利，同时还制定了 3 项地方标准。

该技术采用了优良的缓蚀剂和隔绝氧气的密封技术，由矿脂防蚀膏、矿脂防蚀带、密封缓冲层和防蚀保护罩四层紧密相连的保护层组成。矿脂防蚀膏是复层矿脂包覆防腐技术中主要的防腐蚀材料，也是位于复层包覆防腐技术最内层的部分，能很好地黏附在需要保护的钢结构表面上，与被保护结构物紧密接触。矿脂防蚀膏中含有多种防锈成分，在潮湿的环境中具有很好的防腐蚀性能，能够长期高效稳定地使钢构筑在海洋等严酷的腐蚀环境中免遭腐蚀。矿脂防蚀带是一种浸渍了特制防蚀材料的人造纤维制成的材料，含防蚀材料具有和矿脂防蚀膏相似的成分及性能，除了防蚀作用外，还能够增强密封性能，提高整体的强度及耐久性。密封缓冲层安装在矿脂防蚀带和防蚀保护罩之间，起到密封并缓冲外界冲击作用，一般应用于预制防蚀保护罩的内部，是复层矿脂防腐技术中四层防护体系的重要环节。在矿脂防蚀膏和矿脂防蚀带外层包覆一个坚固耐久的防蚀保护罩，可大大提高复层矿脂包覆防腐技术的防腐性能和耐久性能，防蚀保护罩有多种材料可供选择，应用最为广泛的为玻璃纤维增强保护罩（FRP）。

5.4.1　复层包覆技术的优势

复层包覆技术应用于浪花飞溅区的钢结构具有以下技术优势。

（1）优良的黏着性能：矿脂防蚀膏和矿脂防蚀带中含有性能优良的缓蚀剂、复合稠化剂等，它们能够强有力地黏附在钢铁表面，隔离腐蚀性介质，对海水中的钢铁起到优良的、长效的保护作用。

（2）表面处理的要求低：矿脂防蚀膏中的复合防锈剂中含锈转化剂，可以直接与铁锈反应，把厚度在 80μm 以下的铁锈层转化成稳定的化合物，使铁锈转化为无害且具有一定附着力的坚硬外壳，形成保护性封闭层，防止钢铁的氧化锈蚀，起到除锈防锈双重作用。铁锈转化剂的使用，可以降低施工前表面处理的要求，节约人力物力，降低成本。

（3）可以带水施工：复合防锈剂含有不对称结构的表面活性物质，其分子极性比水更强，与金属的亲和力比水更大，可以将金属表面的水膜置换掉。复合防锈剂分子以极性基团朝里、非极性基团朝外的逆型胶束状态溶存于功能性基料中，吸附和捕集腐蚀性物质，并将其封存于胶束之中，使之不与金属接触，从而起到防腐蚀作用。

（4）施工工艺简单：矿脂防蚀膏涂覆和矿脂防蚀带的施工，不需要固化等待，可连续施工，加快了施工速度，节省施工时间，综合防腐费用较低。

（5）防蚀膏和防蚀带结合为有机的整体：矿脂防蚀膏和矿脂防蚀带上含有相同类型的防锈成分，相互之间由于有着共同的化学性质，可以有机地黏结在一起而变为一体；尽管腐蚀钢材表面凹凸不平，但矿脂防蚀膏能够全面覆盖在钢材表面并完全吻合，同时致密性好。

（6）安装防冲击缓冲层：防蚀保护罩内表面采用密封缓冲层进行包覆，即使被包覆的钢结构受到船舶、漂浮物等外力的撞击时，也能吸收部分能量，从而能够减弱甚至防止被包覆的钢结构受到冲击和破坏。即使被包覆的钢结构与防蚀保护罩在制造上有些误差，也可以自行调整。

（7）防蚀保护罩的性能优良：防蚀保护罩本身强度大，耐冲击能力强，具有良好的抗热胀冷缩性能，具有良好的耐酸、耐碱性能，可以耐高温，能够抵抗海边昼夜温差大、空气湿度大、盐分大的恶劣腐蚀环境。

（8）防蚀保护罩的制备工艺灵活：对于形状规则的钢结构，防蚀保护罩材料可以在工厂中预制成型；对于形状不规则的钢结构，则可以根据被保护的基材形状，在现场加工成型；防蚀保护罩与基材结合紧密，可以应用于形状规则和不规则的钢结构物。

（9）防止海生物污损：防蚀保护罩和钢材之间没有空隙，可以有效地阻止海生物在被保护钢结构上繁殖，达到防止海生物污损的目的。

（10）质量轻：整个复层矿脂包覆防腐蚀系统质量轻，对钢结构物基本不增加额外的载荷，不影响整体结构的承载能力。

（11）无污染：绿色环保。

目前，从国内外关于海洋浪花飞溅区和水下工程构件的防腐蚀方法的工程应用来看，主要以防腐涂层和阴极保护为主，下面对复层矿脂包覆防蚀技术与其他腐蚀防护方法进行比较。

海洋大气区使用涂料涂覆在海洋结构钢表面是防腐的有效手段之一，且其成本也相对较低。但在浪花飞溅区中，由于海浪的冲击作用，防腐涂层容易损坏，防护效果下降，需要进行维护和修补。因此，采用涂层对浪花飞溅区中的金属进行防护是一种前期投资成本低、长期维护成本高的方法。相对而言，复层包覆防护技术虽然前期投入大，但其防护层具有良好的耐久性，维护费用较低，适宜用来进行长期的腐蚀防护。

阴极保护技术和涂层防护组合应用，可以对海水中的金属材料形成有效防护，但这并不适用于浪花飞溅区。如前所述，浪花飞溅区中海浪的冲击作用会对金属表面涂层造成损坏。此外，阴极保护技术对水中的金属构件能够起到有效防护，但浪花飞溅区中仅部分时段金属可浸于水中，其余时段仅有浪花飞溅到金属表面上，阴极保护技术并不能起到有效的防护效果。

复层矿脂包覆防腐技术具有更好的抗腐蚀性、更持久的抗疲劳强度和冲击强度，包覆范围一般在最低潮位以下 1m 到浪花飞溅区，可以给暴露在该区带的钢结构提供长寿命及永久性的保护，针对海洋钢结构设施浪花飞溅区保护，从防腐蚀全寿命周期维护的观点来看，复层矿脂包覆技术无疑是最为成熟和最具优势的保护技术。复层矿脂包覆防腐技术可以大大延长海洋钢结构设施的维修周期，减少维修费用，节省人力物力，提高构筑物的耐久性，延长钢结构物和设施的使用寿命，该技术对暴露于海洋浪花飞溅区部位的钢铁设施具有广泛的适应性，可应用在如跨海大桥、海洋平台和港口码头等，也可适用于各种腐蚀环境下的管线保护，不仅用于已建成的表面难以处理的旧钢铁设施防腐修复，还可以用于新建钢铁设施的腐蚀修复，均可起到良好的保护效果。这对保护海洋钢结构设施的安全运行具有极其显著的经济价值和极其重要的社会意义。

5.4.2　矿脂防蚀膏

1. 矿脂防蚀膏的组成

矿脂防蚀膏位于复层包覆防腐防护层的最内层, 它与被保护结构物紧密接触, 是矿脂包覆防腐技术中主要的防腐蚀材料。矿脂防蚀膏是在功能性基料中加入稠化剂、复合防锈剂及其他辅助添加剂, 进而形成一种黏性膏状物, 这种膏状物能够紧密地黏附在被保护结构件的表面。矿脂防蚀膏中所含的防锈成分在潮湿环境中仍能具有良好的防腐蚀性能, 能够长期、稳定、高效地发挥防腐蚀作用, 使被保护的建构筑物在海洋严酷的腐蚀性环境中免遭剧烈腐蚀[137]。

1）功能性基料

功能性基料是矿脂防蚀膏的载体, 它的性质决定了矿脂防蚀膏的耐高温和黏度等性能, 它的主要作用包括载体作用和油效应作用。载体作用保证各种功能性添加剂在基料中分散均匀并能有效发挥作用; 油效应作用可在复合防锈剂吸附少的地方发挥物理吸附作用, 并深入定向吸附的分子之间, 与复合防锈剂分子共同堵塞孔隙, 使吸附膜更加完整和紧密。

2）复合防锈剂

裸露的金属晶体表面容易在环境中存在氧与水的情况下发生电化学腐蚀, 抑制该电化学腐蚀的方法之一是在金属表面通过多种方法施加防护膜层。矿脂防蚀膏中的复合防锈剂是一种具有极性基团和较长碳氢链的有机化合物, 其中, 极性基团通过库仑力或化学键的作用可定向吸附在金属的表面, 从而在金属表面形成防护膜层, 阻止氧和水等外界腐蚀因素和腐蚀介质的侵入, 抑制金属表面腐蚀反应的进行。

如前所述, 复合防锈剂是具有不对称结构的表面活性物质, 其防锈机理之一是极性分子与金属表面的结合力大于水分子与金属表面的结合力, 极性分子置换金属表面的水分子膜, 在金属表面形成一层能够防止腐蚀性物质侵入的、具有保护作用的膜层。此外, 当复合防锈剂的浓度高于临界胶束浓度时, 复合防锈剂分子就会形成一种极性基团朝里、非极性基团朝外的逆型胶束状态溶存于基础油中, 它们可以捕获和吸附腐蚀性物质, 将腐蚀性物质封存在胶束中, 使其不能到达金属表面, 从而起到防腐蚀作用。

单种防锈剂的分子组成和空间结构单一、相邻分子间空隙较大、在金属表面形成的防护膜致密度较低、对小分子腐蚀介质的隔离作用较差。含有不同极性基团和非极性烃基基团的多种缓蚀剂配合使用, 由于基团间分子组成和空间结构差异大、不同种类基团彼此交错组合, 可在金属表面形成致密的分子膜, 从而具有更好的抗盐雾腐蚀的能力。

除此之外，复合防锈剂中还能够添加锈转化剂。锈转化剂具有除锈防锈双重作用，可以将钢铁表面 80μm 厚度的铁锈层转化为具有稳定化合物的防护层。锈转化剂与钢铁表面的铁锈反应生成铁络合物，使铁锈转化为无害且具有一定附着力的坚硬外壳，它可作为防护性封闭层，阻止钢铁的进一步氧化锈蚀。

3）稠化剂

稠化剂也是矿脂防蚀膏中的重要组分之一，它是一种固体颗粒，相对均匀地分散于矿脂防蚀膏内，受物理力或表面张力作用固定在功能性基料中，降低矿脂防蚀膏整体流动性，提高矿脂防蚀膏的黏度和其他性能。稠化剂可分为两大类：皂基稠化剂、非皂基稠化剂。其中，皂基稠化剂即脂肪酸金属盐，包括单皂、混合皂、复合皂等；非皂基稠化剂包括烃类、无机类、有机类等。皂基稠化剂的应用比较广泛[118]。稠化剂可以是纤维状固体颗粒，也可以是扁平状或球状固体颗粒。例如，脂肪酸金属盐稠化剂固体颗粒为纤维状，而部分非皂稠化剂固体颗粒则为扁平状或球状。

4）填充剂

填充剂是一种易被分散介质湿润的高度分散的固体物质。根据填充剂形态的不同，常用填充剂可被分为粉状、纤维状和片状三种类型。粉状填充剂包括石棉粉、滑石粉、石英粉等；纤维状填充剂包括金属丝、玻璃纤维、碳纤维等；片状填充剂包括云母粉、玻璃布等。在矿脂防蚀膏中，填充剂可以起到增强密封性和防护性，降低线膨胀系数、收缩率和流动性，提高稳定性、耐热性和机械强度及调节黏度等诸多作用。

2. 矿脂防蚀膏的制备

矿脂防蚀膏主要采用行星搅拌机进行制备。

矿脂防蚀膏制备时，要将功能性基料、复合防锈剂、稠化剂、填充剂等按照严格的规定比例和加入顺序，放入行星搅拌机内进行混合。混合时要严格控制温度，混合搅拌均匀后，就可以将矿脂防蚀膏转入灌装装置，进行灌装、包装。

5.4.3　矿脂防蚀带

矿脂防蚀带是一种聚酯纤维布，它由浸渍了特制防蚀材料的人造纤维制成。矿脂防蚀带所含防蚀材料与矿脂防蚀膏的成分和性能相似。矿脂防蚀带能够起到防止腐蚀、增强密封性、提高整体强度和韧性的作用。

1. 矿脂防蚀带的载体材料

特种聚酯纤维布是矿脂防蚀带的载体材料，它是通过聚酯长丝成网和固结的方法，将其纤维排列成三维结构，经纺丝针刺固结直接制成。无纺布具有良好的力学性能、延伸性能和纵横向排水性能，耐生物、耐酸碱、耐老化性能强，化学性能稳定；同时，它还具有较宽的孔径范围、曲折的孔隙路径，这使其渗透性能和过滤性能较好。

聚酯纤维布和矿脂防蚀膏配合，将凹凸不平的被保护结构表面密封，缓解外力对构件的冲击作用。

2. 矿脂防蚀带的防蚀材料

矿脂防蚀带上的防蚀材料具有和矿脂防蚀膏相似的成分及性能，主要也是由功能性基料、稠化剂、复合防锈剂、填充剂等成分组成。

功能性基料是防蚀材料的载体，使各种功能性添加剂在其中能充分分散并发挥相应作用。功能性基料要选择与无纺布浸润性能好的材料型号。稠化剂是决定防蚀材料稠度、硬度的重要组分；稠化剂的加入能够降低材料整体流动性，增强防蚀材料在无纺布上的附着力，并且能够起到抵抗水分入侵的作用。复合防锈剂在矿脂防蚀带各组分中主要起到缓蚀、防锈的作用，与矿脂防蚀膏中的防锈成分相互配合，起到强化防蚀的效果。填充剂是矿脂防蚀带的“骨架”，主要起到增强整体密封性、提高机械强度、提高稳定性的作用。矿脂防蚀带中的填充剂要求具有更好的化学稳定性，以抵抗外部腐蚀介质的侵蚀，为内部的矿脂防蚀膏和被保护体提供更好的防护。

此外防蚀材料中还添加了特殊的助剂，以增加防蚀材料与无纺布的附着强度，从而增强矿脂防蚀带的整体强度。在使用过程中，能够与被保护钢材表面涂抹的矿脂防蚀膏结合为整体，起到密封和强化防蚀的作用。

3. 矿脂防蚀带的制备

浸膏机是制备矿脂防蚀带的主要设备，它由进布装置、浸膏槽、浸膏辊、挤压辊、导布辊、自动齐边装置、自动成卷装置等部分组成。未浸膏的无纺布由进布装置导入浸膏槽，通过浸膏辊压入矿脂防蚀膏中，充分浸渍后，再经挤压辊挤除无纺布上多余的膏料，由导布辊导出浸膏池，经过自动齐边装置和自动成卷装置加工成卷。

5.4.4　防蚀保护罩

虽然矿脂防蚀膏和矿脂防蚀带能够为海洋中的钢铁设施提供有效的腐蚀防护，但海洋环境中海浪的拍打与冲击、太阳暴晒与冷热交替、海水对材料的溶解等因素组合作用，随着时间的延长，矿脂防蚀膏和矿脂防蚀带的防护效果难免下降。这时，如果在矿脂防蚀膏和矿脂防蚀带外面包覆一个坚固耐久的防蚀保护罩，就可以有效降低恶劣的海洋环境因素对于矿脂防蚀膏和矿脂防蚀带的影响，使其能够长期有效地发挥防腐蚀作用。

常见的防蚀保护罩有钛合金保护罩、耐海水不锈钢保护罩、耐海水铝合金保护罩、玻璃纤维增强（FRP）保护罩和高密度聚乙烯（HDPE）保护罩等。合金保护罩制作成本高，在国内尚未得到广泛应用。

1. 玻璃纤维增强防蚀保护罩

玻璃纤维增强材料（FRP）具有较高的稳定性和抗疲劳强度，优异的耐腐蚀性、耐热性、耐磨性和耐久性，且其重量轻、成型工艺简单，已被广泛用于航天航空、汽车、轮船、列车、桥梁等领域，是复层矿脂包覆防腐技术中制作防蚀保护罩的理想材料之一。玻璃纤维增强防蚀保护罩用树脂、玻璃纤维或增强纤维、多种助剂（如固化剂、引发剂）等作为原料来制造。

树脂可以使玻璃纤维层紧密结合，它具有良好的耐水性和耐药性，为玻璃纤维表面提供防护，同时还可以改变玻璃纤维制品的物理性能。不饱和聚酯树脂和特殊的环氧树脂是用来制作防蚀保护罩的常用树脂。

玻璃纤维是复合材料中的骨架材料，它具有高强度、低伸缩性、不易燃烧等优点，能够对最终增强防蚀保护罩的性能起到关键性作用。实际生产中采用的玻璃纤维多为无碱玻纤。无碱玻纤的抗拉强度高于钢丝、比重小、抗疲劳强度高、电性能优异、化学稳定性好，适用于制作能够经受冲击载荷的结构材料。

2. 高密度聚乙烯防蚀保护罩

作为钢桩上的防护层，高密度聚乙烯防蚀保护罩需要有较高的抗冲击强度、优良的抗拉伸断裂强度和较好的柔韧性。高密度聚乙烯是一种结晶度高、非极性的热塑性树脂，其板材耐磨性好，冲击强度高，具有无毒性、成本低、耐蚀性和化学稳定好、易加工成型等优点，应用广泛。与此同时，高密度聚乙烯材料存在韧性不足、硬度较低、环境应力开裂性能差等问题，因而不能被广泛用作结构材料。使用高密度聚乙烯材料制作防蚀保护罩时，还应对其进行增韧改性，并提高其强度。加入添加剂是改进高密度聚乙烯材料性能的方式之一，例如，加入氧化剂可以防止聚合物在加工过程中降解，防止制成品在使用过程中氧化；加入抗紫外线添加剂可以使材料获得优良的耐候性和抗紫外线性能。热塑弹性体和炭黑是制作高密度聚乙烯防蚀保护罩过程中常用的添加剂。

热塑弹性体是一种饱和的乙烯-辛烯共聚物，可增强基体树脂的柔韧性，提高基体树脂的加工性能和冲击性能。

紫外线对聚烯烃非常有害，为防止紫外光老化，可在高密度聚乙烯树脂中加入炭黑。炭黑具有较高的吸光性，能够有效防止塑料受阳光照射而产生光氧化降解。实验表明，在高密度聚乙烯树脂中，一定细度的炭黑质量浓度为 2%时，可以起到很好的紫外线屏蔽作用。

3. 其他类型防蚀保护罩

1）耐海水不锈钢保护罩

研究表明，合理控制 Cr、Mo、N 元素的含量可以大幅提高钢材在海水中的耐蚀性。相对一般不锈钢，耐海水不锈钢中含有更多的 Cr、Mo 等合金元素或纯度更高，提高了耐氯离子局部腐蚀能力，化学稳定性较高，在海水中具有良好的耐久性。耐腐蚀性能可以用孔蚀指数来衡量，孔蚀指数可以由 Cr、Mo、B 元素的含量计算得到。耐海水不锈钢的孔蚀指数大于 40。防蚀保护罩采用的耐海水不锈钢不但能够有效防止海水的腐蚀，还具有极高的强度，增强保护罩的耐冲击性能。

2）钛合金保护罩

金属钛具有优良的耐腐蚀性和耐久性，强度与普通钢相当，密度约为普通钢的 2/3，可加工性好，因而钛也成为防蚀保护罩的制作材料之一。钛保护罩有法兰式、套管式、焊接式等不同类型。

最初将钛板用作防蚀保护罩材料时，采用的是单法兰式，采用螺栓进行固定。由于钛板的造价很高，加之突起的法兰部位会受到波浪冲击的影响，因此人们开始着眼于无法兰式防蚀保护罩的开发，最终开发出了套管式钛防蚀保护罩。焊接式钛防蚀保护罩是将钛板在钢桩上包裹好之后，在重合部位边缘用点焊焊接器进行焊接固定。

3）耐腐蚀铝合金保护罩

普通金属的比重大，以其作为保护罩材料时，构件施工难度大。铝合金密度较小，其密度仅相当于普通钢密度的 1/3，耐腐蚀性能良好，强度较高，成形性、加工性和焊接性好，其构件施工方便，基于铝合金的这一系列特点，人们考虑采用铝合金作为制作防蚀保护罩的材料。

5.5　不同热处理后 AISI 4135 试样在不同包覆防护下的 EIS 测试

电化学阻抗谱法在电化学研究中的应用越来越广泛，它可以在很宽的频率范围对涂层体系进行测量，在不同的频率段分别得到涂层电容、微孔电阻及涂层下基底金属腐蚀反应电阻、双电层电容等与涂层性能及涂层破坏过程有关的信息。自 20 世纪 80 年代起，研究者开始用交流阻抗方法来研究涂层与涂层的破坏过程。由于交流阻抗谱方法采用小振幅的正弦波扰动信号，对涂层体系进行测量时，不会使涂层体系在测量中发生大的改变，故可以对其进行反复多次的测量，适用于研究涂层破坏的动力学过程。电化学阻抗谱方法也因此成为研究涂层性能和涂层破坏过程的一种主要的电化学方法，并在 80 年代末 90 年代初成为国际腐蚀电化学界的一个热点。

有人认为当体系中涂层电阻保持在 $10^8 \sim 10^9 \Omega \cdot cm^2$ 时，金属有机涂层体系具有很好的防腐蚀性能，涂层电阻低于 $10^7 \Omega \cdot cm^2$ 则表明体系的防腐蚀能力已下降，当涂层电阻降低到 $10^6 \Omega \cdot cm^2$ 时，说明涂层对水等粒子的阻挡能力已经很低，在涂层/金属界面有可能发生电化学腐蚀反应。EIS 为研究有机涂层/金属界面上电化学反应的发生发展提供了相对可靠的方法与手段。

作为分析包覆防护条件对腐蚀行为影响的一个方面，本节对不同热处理后包覆防护条件下的 AISI 4135 钢进行电化学阻抗的测试，研究包覆技术对其的腐蚀抑制作用。

实验中所用矿脂防蚀膏和矿脂防蚀带由侯保荣院士课题组提供。选取矿脂防蚀膏的用量为 $400g/m^2$，实验时应根据试样的具体面积进行计算，称量后在试样表面涂抹均匀。实验采取的包覆防护条件主要包括三种方法：①试样表面只涂抹矿脂防蚀膏——以 P1 命名；②试样表面涂抹矿脂防蚀膏和单层矿脂防蚀带——以 P2 命名；③试样表面涂抹矿脂防蚀膏和双层矿脂防蚀带——以 P3 命名。实验中所采用 PARSTAT 2273 电化学工作站，实验介质为天然海水，实验采用三电极体系，工作电极为三种包覆条件制备好的 AISI 4135 钢试样和包覆破损后的 AISI 4135 钢试样，辅助电极为铂电极，参比电极体系由盐桥和饱和甘汞电极（SCE）组成，试样测试选用频率扫描范围为 100kHz～100MHz，测量振幅选择为 10mV。根据室内模拟浪花飞溅区条件，设定工作电极浸泡海水的时间为 6h，干燥 18h，周期为 15 天，每天更换新鲜的天然海水。

5.5.1　P1 保护条件下的 EIS 测试

如图 5-19 和图 5-20 所示，在 P1（试样表面只涂抹矿脂防蚀膏）保护条件下，

Nyquist 图为一个高频容抗弧和一条低频扩散的斜线，并随干湿循环次数增多而增多，高频圆弧直径随时间变化逐渐减小，而且 log$f$-log$|Z|$图中的阻抗模值随干湿循环次数增多也逐渐降低，这些都说明涂层阻抗逐渐降低。这是因为干湿循环初期是一个缓慢的可逆过程，在浸泡状态下，水分子逐渐深入到试样表面，但是并不是所有的水分子都能到达试样表面，随着干燥状态的进行，未到达试样表面的水分子又可以从涂层内部脱离出来，腐蚀反应暂时中止。但随着干湿循环次数的增多，由于涂层孔隙的增多和增大，水分子逐渐大量渗透到试样表面，电化学腐蚀反应的速度增大，涂层在这种状态下会逐渐失效，在经过 15 个干湿循环后，试样 C 的阻抗已经降到了 $10^7\Omega\cdot cm^2$ 左右，涂层不再具有良好的保护性能[323]，其他试样的阻抗也出现了不同程度的下降。所以，在试样表面只涂抹矿脂防蚀膏，在短时间内可以对基体起到保护作用，经过 15 个干湿循环后，在 P1 保护条件下并不能起到很好的腐蚀抑制作用。

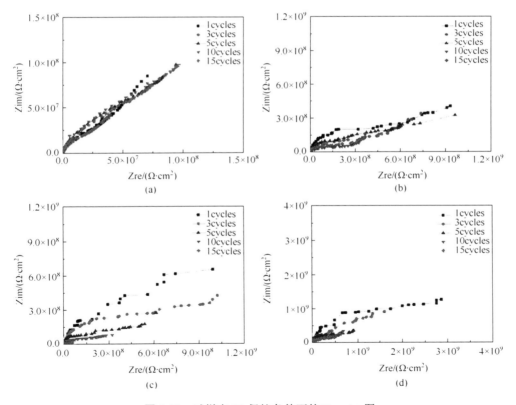

图 5-19　试样在 P1 保护条件下的 Nyquist 图

（a）P1-A；（b）P1-B；（c）P1-C；（d）P1-D

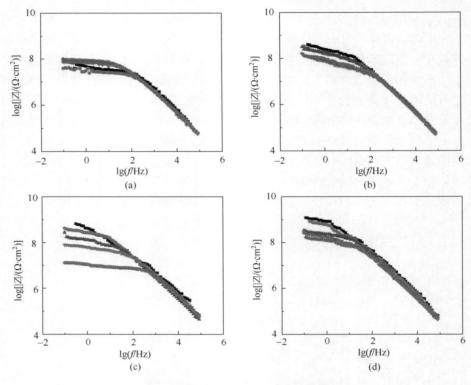

图 5-20　试样在 P1 保护条件下的 lg$f$-lg|Z|图
（a）P1-A；（b）P1-B；（c）P1-C；（d）P1-D

5.5.2　P2 保护条件下的 EIS 测试

由图 5-21 和图 5-22 可以看出，在试样表面涂抹矿脂防蚀膏和包覆单层矿脂

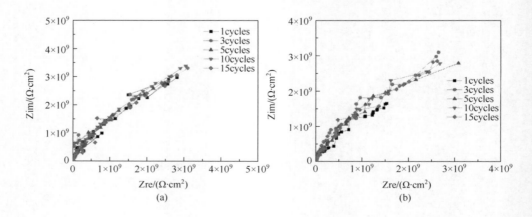

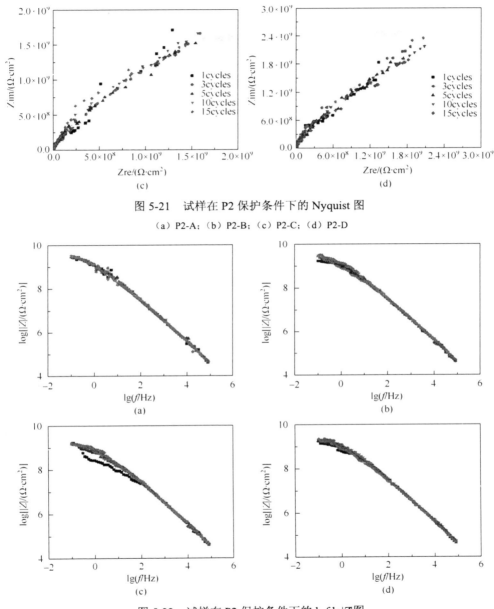

图 5-21　试样在 P2 保护条件下的 Nyquist 图

（a）P2-A；（b）P2-B；（c）P2-C；（d）P2-D

图 5-22　试样在 P2 保护条件下的 lg$f$-lg$|Z|$图

（a）P2-A；（b）P2-B；（c）P2-C；（d）P2-D

防蚀带后，四种试样的 Nyquist 图仍表现为高阻抗的半圆状，而且在 log$f$-log$|Z|$图中表现为一条斜线，阻抗模值随频率的变化几乎重合，说明一些海水不可避免地会渗入到矿脂防蚀带和矿脂防蚀膏之间，但还没有到达金属表面。经过 15 次的干

湿循环后，试样的阻抗还保持在 $10^9 \Omega \cdot cm^2$ 以上，这主要是因为矿脂防蚀带除具有良好的力学性能和化学稳定性外，还具有良好的排水性能和密封性能，能够很好地抵抗水分的侵入和外部腐蚀介质的侵蚀，为试样提供更好的保护，阻止试样发生腐蚀，起到了较好的腐蚀抑制作用。

5.5.3　P3 保护条件下的 EIS 测试

图 5-23 和图 5-24 是在试样表面涂抹矿脂防蚀膏和包覆双层矿脂防蚀带后的 EIS 测试结果，与 P2 保护条件下的 EIS 测试结果相似，但试样的阻抗要比 P2 保护条件下的阻抗高。四种试样的 Nyquist 图仍表现为高阻抗的半圆状，而且在 lg$f$-lg|Z|图中表现为一条斜线，阻抗模值随频率的变化几乎重合，但是经过 15 次的干湿循环后，试样的阻抗保持在 $10^{10} \Omega \cdot cm^2$ 左右。有双层矿脂防蚀带的阻挡作用，电解液中的腐蚀介质进入试样表面变得更困难，所以在 P3 条件下，试样的保护效果最好，起到很好的腐蚀抑制作用，而且热处理方式对试样的保护性能基本没有影响。

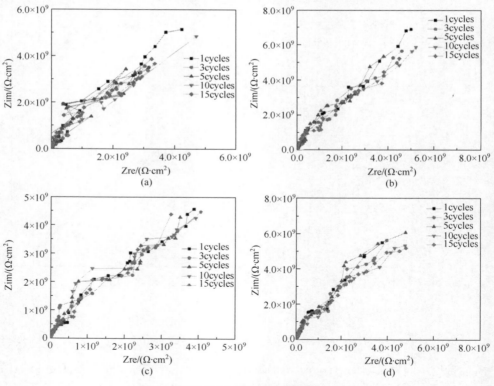

图 5-23　试样在 P3 保护条件下的 Nyquist 图

（a）P3-A；（b）P3-B；（c）P3-C；（d）P3-D

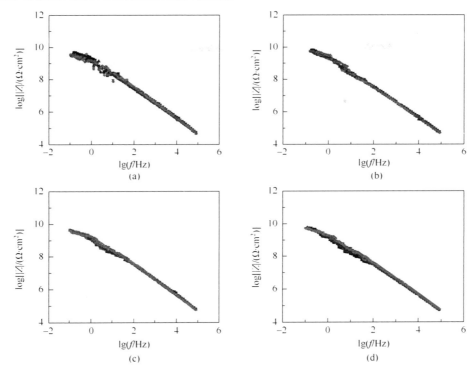

图 5-24　试样在 P3 保护条件下的 lgf-lg|Z|图
（a）P3-A；（b）P3-B；（c）P3-C；（d）P3-D

通过对不同热处理后的 AISI 4135 裸钢和包覆防护条件下的 AISI 4135 钢进行电化学阻抗的测试，可以看出包覆防护能对 AISI 4135 钢起到一定的腐蚀抑制作用，在 P1 保护条件下，经过 15 个干湿循环后，试样的阻抗已经降到了 $10^7 \Omega \cdot cm^2$ 左右，不再具有良好的保护性能；而在 P2 和 P3 保护条件下，经过 15 个干湿循环后，试样的阻抗基本保持不变。由图及分析可知，在 P3 保护条件下试样的保护效果最好，阻抗值可保持在 $10^{10} \Omega \cdot cm^2$ 左右，腐蚀抑制效果明显。另外，通过 EIS 得到的结果图可以看出热处理方式的不同对试样的保护性能基本没有影响。

第6章 AISI 4135 低合金高强度钢在浪花飞溅区的氢渗透行为研究

浪花飞溅区由于受到日照丰富、供氧充足、含盐粒子量大、海水干湿交替频率高等因素的影响，是海洋环境中腐蚀最严重的区域。对于碳钢、低合金钢、高强度钢更容易发生严重的腐蚀破坏，使钢结构的氢脆开裂倾向大大增加，对钢铁构筑物形成很大的威胁，一旦发生事故，会导致巨大的生命及经济损失。在海洋环境中，氢渗透是导致高强度钢氢脆发生的一个重要因素。而且，强度越高氢脆敏感性越高，这在很大程度上就限制了高强度钢的实际应用。所以对高强度钢在浪花飞溅区的氢渗透行为进行研究，对以后高强度钢在海洋环境中的应用及安全评估意义重大。近年来，对于海洋大气环境下的氢渗透行为，许多学者做了大量研究[324-328]，但对浪花飞溅区的研究比较少。

6.1 浪花飞溅区模拟装置及氢渗透电流测量方法

6.1.1 浪花飞溅区模拟装置的设计

结合实海和实验室实际情况，设计并制作了浪花飞溅区室内模拟装置，如图 6-1 所示。装置由箱体、喷淋系统、时间控制系统、温湿测量系统和电解池装置组成；喷淋系统、电解池装置和温湿传感器设置于箱体内，箱体外部安装微型水泵，与喷淋系统及时间控制系统相连，箱体的底部设有排水孔；其中，喷淋系统和电解池装置相对地设置于箱体内。该装置设计简单，使用方便，能够实现自动化，并能够实现室内模拟浪花飞溅区腐蚀条件下氢渗透行为的测量。在定时器上把喷淋时间及喷淋间隔时间设定好，模拟全日潮汐，将涨潮模拟时间设为 6h，选取喷淋时间为 2s，喷淋时即为模拟涨潮时波浪对试样的冲击，可根据不同情况对喷淋间隔进行设定，通过喷淋间隔可以实现浪花飞溅区海水对试样的周期性润湿，喷淋停止时为落潮时。从而实现室内对浪花飞溅区腐蚀条件下氢渗透行为的研究。实验中具体喷淋间隔分为 1min、10min 和 30min 三个频率，按下定时器开关，喷淋开始，连续记录浪花飞溅区腐蚀条件下氢渗透电流的变化，得到氢渗透电流变化曲线图。本装置能够很好地弥补浪花飞溅区实海实验的不足，可在室内条件下采用改进后的 Devnathan-Stachurski 双电解池装置对浪花飞溅区腐蚀条件下的氢渗透行为进行研究，实现室内浪花飞溅区腐蚀环境下氢渗透电流的测量；所采用的装置成本低，工作简单方便，实现自动化和海水循环利用；能够对浪花飞溅区潮起潮落进行模拟，并对其腐蚀条件下的氢渗透行为进行研究，即能够连续记录温度、湿度及氢渗透电流的变化，很少的氢渗透电流也可测定出来。实验室采用改进的 Devnathan-Stachurski 双电解池[151]技术测定不同热处理后的 AISI 4135 钢在室内浪花飞溅区模拟条件下的氢渗透电流。改进的 Devanathan-Stachurski 双电解池装置图如图 6-2 所示。

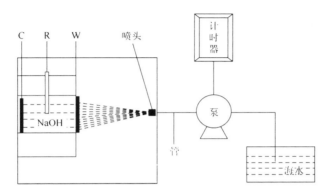

图 6-1　浪花飞溅区室内模拟装置图

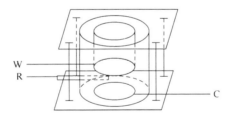

图 6-2　氢渗透实验电解池装置图

6.1.2　浪花飞溅区腐蚀条件下的氢渗透电流测量方法

采用前述的电解池装置，通过螺栓将其固定在箱体上，圆筒侧壁上设有参比电极插孔及辅助电极插孔，工作电极与氢氧化钠接触的一面镀镍，参比电极为氧化汞电极，辅助电极为环状铂丝。进行氢渗透测试的试样为薄圆片状，经过处理后将试样的一面镀镍，镀镍液为 Watt's bath 溶液（250g/L $NiSO_4·6H_2O$，45g/L $NiCl_2·6H_2O$，40g/L H_3BO_3）。向电解池中加入用超纯水配制的 0.2mol/L 的 NaOH 溶液，使工作电极的镀镍侧在 0mV vs. HgO/Hg/0.2mol/L NaOH 极化电位下测定电流变化，即稳定 24h 以上，使电流密度小于 100nA/cm^2。室温下，将实验循环周期设定为两天，根据三种不同的喷淋间隔实验记录的氢渗透电流大小，得到氢渗透电流随时间的变化曲线，把氢渗透电流变化曲线下的面积进行积分，将其作为评价氢渗透强弱的指标。

6.2　浪花飞溅区的氢渗透行为

室温下，利用设计的浪花飞溅区模拟装置对四种热处理的试样进行不同频率下的周期实验。喷淋时间 2s，喷淋间隔设定为 1min、10min 和 30min，喷淋 6h，实验周期为两天。图 6-3～图 6-5 分别为四种不同热处理试样在不同喷淋间隔条件下测得的氢渗透电流密度变化曲线。

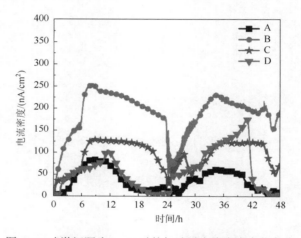

图 6-3　喷淋间隔为 1min 时的氢渗透电流密度变化曲线

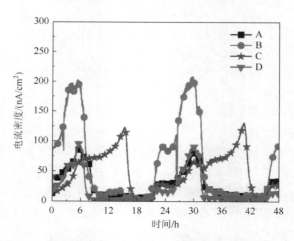

图 6-4　喷淋间隔为 10 min 时的氢渗透电流密度变化曲线

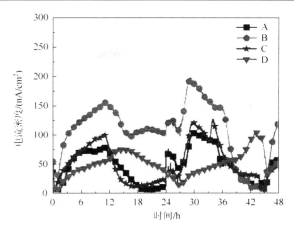

图 6-5　喷淋间隔为 30min 时的氢渗透电流密度变化曲线

　　由不同喷淋间隔（频率）下的氢渗透电流密度变化曲线可以看出，氢渗透电流的总体变化趋势大致相同。刚开始喷淋海水时，氢渗透电流出现下降趋势，这可能与喷淋的海水有关，新鲜海水的 pH 约为 8，海水喷淋到试样表面造成试样表面薄液膜 pH 增大，不利于氢还原反应的发生；随着海水的不断喷淋，氢渗透电流不断增大，在模拟落潮期间即干燥过程中，氢渗透电流达到最大值，接着氢渗透电流不断降低。当试样表面被海水喷淋润湿后，腐蚀反应就发生了，阳极反应发生钢铁的溶解[式（6-1）]，此时海水中含氧量和试样表面薄液膜中的含氧量比较丰富，阴极反应主要是氧还原反应[式（6-2）]；由图 6-3～图 6-5 可知，实验中一开始能测到氢渗透电流，所以阴极反应也发生了氢的还原反应[式（6-3）、式（6-4）]。H^+ 通过还原反应变为 H 原子，并且吸附在试样的表面，接着渗透到金属内部[式（6-5）]，到达金属的另一面，从而测到氢渗透电流的产生。随着腐蚀反应的不断进行，氢渗透电流不断增大。在试样的干燥过程中，氢渗透电流达到最大值，这可能是因为试样表面生成的腐蚀产物和发生的水解反应会使试样表面 pH 下降，使 H^+ 的还原得到加强，在一定程度上促进了 H 原子的渗透[329-331]。而且海水中含有大量的 Cl^-，Cl^- 有很强的穿透能力，其参与发生的水解反应能产生更多的 H^+[式（6-6）、式（6-7）]，促进 H^+ 还原反应的进行。随着试样表面海水的蒸发干燥，H^+ 还原反应受到抑制，氢渗透电流不断下降。主要反应式如下：

$$Fe \longrightarrow Fe^{2+}+2e^- \tag{6-1}$$

$$2e^-+\frac{1}{2}O_2+H_2O \longrightarrow 2OH^- \tag{6-2}$$

$$H^++e^- \longrightarrow H_{ads} \tag{6-3}$$

$$2H_{ads} \longrightarrow H_2 \tag{6-4}$$

$$H_{ads} \longrightarrow H_{abs} \tag{6-5}$$

$$FeCl^+ + H_2O \longrightarrow FeOH^+ + H^+ + Cl^- \tag{6-6}$$

$$FeCl_2(aq) + H_2O \longrightarrow FeOH^+ + H^+ + 2Cl^- \tag{6-7}$$

$$4Fe^{2+} + O_2 + 6H_2O \longrightarrow 4FeOOH + 8H^+ \tag{6-8}$$

$$Fe^{2+} + 2H_2O \longrightarrow Fe(OH)_2 + 2H^+ \tag{6-9}$$

对氢渗透电流密度变化曲线下的面积进行积分，得到相应的氢渗透量。氢渗透量计算公式如下：

$$Q = It / 96500 \tag{6-10}$$

式中，Q 是氢渗透量，mol；I 是氢渗透电流，A；t 是测定时间，s。

氢渗透量的测试结果如表 6-1 所示。由计算结果对比可知，四种热处理后的试样中，总氢渗透量由高到低为 B>C>D>A，常规淬火的试样 B、C 的氢渗透量较大，等温淬火的试样 A 和分级淬火的试样 D 的氢渗透量相对要小很多，说明试样 B、C 有利于氢向其内部渗透；而且随喷淋频率增大（即喷淋间隔时间变短）氢渗透量增大，因为随着喷淋频率的增大，试样表面润湿程度加大，腐蚀电化学反应易于进行，锈层中的 Fe^{2+} 会进一步氧化和水解［式（6-8）、式（6-9）］，而且氯离子能够穿透锈层到达金属-锈层界面[331]，这些因素都会导致试样表面的 pH 降低，促进 H 原子的渗透。

表 6-1　不同喷淋间隔时的氢渗透量

试样	H^+/mol		
	1min	10min	30min
A	3.280×10^{-7}	3.265×10^{-7}	3.240×10^{-7}
B	1.790×10^{-6}	1.481×10^{-6}	1.122×10^{-6}
C	7.850×10^{-7}	5.684×10^{-7}	4.157×10^{-7}
D	3.826×10^{-7}	3.790×10^{-7}	3.768×10^{-7}

为了进一步研究热处理方式对氢渗透的影响，对第一天的氢渗透相关参数包括氢渗透通量和氢渗透率进行计算比较。根据氢渗透电流密度变化图求得稳态电流密度，然后转换为氢渗透通量，计算公式为

$$J_\infty = \frac{i_p^\infty}{nF} \tag{6-11}$$

式中，J_∞ 是稳态通量，mol/(cm²·s)；L 是试样厚度，cm；i_p^∞ 是稳态电流密度，A/cm²；n 是电子转移数量；F 是法拉第常量，96500C/mol。

氢渗透率的单位为 mol/(cm·s)，计算公式如下：

$$\Phi = J_\infty L = \frac{L i_p^\infty}{nF} \qquad\qquad (6\text{-}12)$$

由表 6-2 中数据可以看出,试样在高频下的氢渗透电流密度峰值和氢渗透通量峰值比低频时高,并随着频率增大而增大,这与氢渗透量的实验结果是一致的。这也充分说明了实际海洋环境中海浪拍击对氢渗透电流是有一定的影响的。

表 6-2　不同喷淋间隔时的最大氢渗透电流密度 i_{max}(nA/cm^2)和氢渗透率 Φ_{max}[mol/(cm·s)]

试样	1min		10min		30min	
	i_{max}	Φ_{max}(×10^{-13})	i_{max}	Φ_{max}(×10^{-13})	i_{max}	Φ_{max}(×10^{-13})
A	84.92	0.440	82.51	0.427	81.33	0.421
B	255.20	1.322	203.1	1.052	157.70	0.817
C	130.56	0.676	122.77	0.636	102.28	0.530
D	104.32	0.540	99.69	0.516	75.79	0.392

天然海水的 pH 为 7.2~8.4,呈弱碱性,而且海水中含有丰富的溶解氧。本实验介质选用天然海水,其 pH 的变化对腐蚀速率的影响是多方面的。对于腐蚀系统中阴极过程为氢去离子的还原过程,则 pH 降低(即氢离子浓度增加)时,一般来说,有利于过程的进行,从而加速了金属的腐蚀。另外 pH 的变化又会影响到金属表面膜的溶解度和保护膜的生成,因而也会影响到金属的腐蚀速率。所以对试样腐蚀过程中的 pH 进行测定,结合腐蚀过程中电极电位的测定,就可清楚地了解氢渗透过程中 pH 和腐蚀电位对腐蚀过程中氢渗透的影响。

在 pH 测试过程中,选择了金属/金属氧化物 pH 电极。金属/金属氧化物 pH 电极具有微型化、响应时间短、机械强度高等特点,可在玻璃 pH 电极不能适用的环境和微区进行应用,是传统玻璃 pH 电极的一个重要的替代体系。本书采用循环伏安法和化学氧化法制备了 W/WO$_3$ 电极,电解液为 2mol/L 的 H$_2$SO$_4$ 溶液。具体制备方法如下:

(1)循环伏安法:采用工作电极(钨电极)、参比电极(SCE)、对电极(铂电极)三电极体系,扫描范围区间为 0.76~2V,扫描速率为 20mV/s,扫描圈数为 20。

(2)循环伏安法+电解液浸泡 12h:循环伏安法的步骤同(1),结束后不要将电极取出,直接在电解液中浸泡 12h 后取出。

(3)化学氧化法:将制备好的钨丝电极先放入一定浓度的 NaOH-NaNO$_3$-NaNO$_2$ 溶液(6.25mol/L NaOH、1.76mol/L NaNO$_3$、1.16mol/L NaNO$_2$)中浸泡 2h,然后用超纯水清洗后放入 CrO$_3$-H$_2$SO$_4$-H$_3$PO$_4$ 溶液(0.45mol/L CrO$_3$、3.57mol/L H$_2$SO$_4$、4.08mol/L H$_3$PO$_4$)中浸泡 7h 后取出。

　　实验选取方法 2 制备的 W/WO$_3$ 电极，将钨丝与盐桥和饱和甘汞电极制成可用于测定 pH 的传感器，对试样腐蚀过程中的 pH 进行测定。图 6-6 为电极的稳定性检测，可见稳定性良好。图 6-7 为室温下，在腐蚀后的四种试样电极表面滴加 0.5mL 海水后测定的 pH 和电极电位随时间的变化曲线图。由图可知，测定 1h 后不同试样的腐蚀电位基本都趋于稳定，这是因为试样的腐蚀电位与试样的腐蚀状态及环境条件变化有关，试样表面生成一层腐蚀产物（锈层）后，腐蚀状态较快地达到稳定，环境因素变化对其腐蚀状态影响较小，腐蚀电位随时间变化小，达到相对稳定的时间短。对比可知，四种试样的初始腐蚀电位相差较小，各试样腐蚀电位都是向负方向变化，测定 5h 后四种试样相对于标准氢电极的电位：试样 A 为 –0.4587V，试样 B 为 –0.4617V，试样 C 为 –0.4547V，试样 D 为 –0.4542V，可以看出它们之间相差不大。参考 Fe-H$_2$O 体系电位-pH 图[332]可知，在达到稳定电位时，析氢反应是可以发生的。随着腐蚀的进行，试样表面开始有少量锈生成。当试样表面的锈层被润湿后，腐蚀和水解反应也会导致 pH 的下降，pH 的下降会加速 H$^+$ 还原，使氢渗透电流增大。主要发生的是 Fe^{2+} 的水解反应 [式（6-8），式（6-9）]。

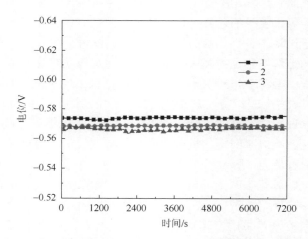

图 6-6　W/WO$_3$ 电极在 NaOH（0.2mol/L）溶液中电位的测定

　　由此可知氢渗透电流的增大与腐蚀着的试样表面 pH 的下降是有关系的，锈层对氢渗透电流具有一定的促进作用。

　　综合分析以上结果及第 5 章有关腐蚀速率的结果，试样氢渗透电流和氢渗透量的不同主要是由于热处理后试样的微观组织不同造成的，试样的微观结构在抗氢致开裂方面起着很重要的作用[333]。研究[334]表明马氏体组织钢的腐蚀速率要高于贝氏体钢，而且贝氏体钢的氢渗透速率和有效扩散率非常低，所以试样 A 的氢

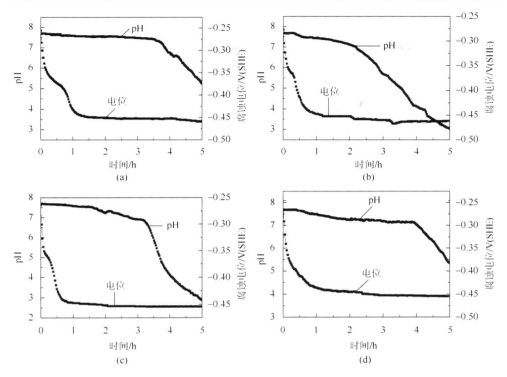

图 6-7　四种热处理后的试样锈层底部 pH 和腐蚀电位随时间的变化曲线

（a）试样 A；（b）试样 B；（c）试样 C；（d）试样 D

渗透量比较小，由于回火马氏体和残留的原始奥氏体晶粒能降低氢的有效扩散率，碳化物的析出会降低合金元素的含量使试样耐腐蚀性降低，所以试样 B 和 C 的氢渗透量高于试样 D。

第7章　包覆防护对 AISI 4135 钢氢渗透行为及应力腐蚀开裂的影响

7.1　包覆防护条件下的氢渗透行为

海洋环境中由于浪花飞溅区处于最苛刻的腐蚀环境下,防腐蚀问题越来越引起人们的关注,对于浪花飞溅区腐蚀防护技术的研究也越来越多。复层矿脂包覆防护技术(PTC)是获得国家科技部支持并得到了工程验证的,如果高强度钢在海洋环境中能得到广泛应用,那复层矿脂包覆防护技术也必将在高强度钢浪花飞溅区的腐蚀防护中得到应用。复层矿脂包覆防腐技术主要由矿脂防蚀膏、矿脂防蚀带和防护外套组成。矿脂防蚀膏和矿脂防蚀带中含有多种起缓蚀作用的缓蚀剂。由于不是完全密闭的体系,施加保护后仍可能有水汽渗入到高强度钢和保护层的界面,所以仍有氢向高强度钢内部渗透的可能性。虽然低合金高强度钢具有提高氢脆抗力和应力腐蚀的潜力,同时采取一定的技术措施可降低高强度钢对氢脆的敏感性,但还是应该考虑到其在使用环境下发生氢脆的可能性,所以,对高强度钢在复层矿脂包覆防腐保护条件下是否仍有氢向高强度钢内部渗透进行研究和验证,对于钢结构在复层矿脂包覆防腐保护技术下的安全评估也有重要意义。矿脂防蚀膏和矿脂防蚀带是复层矿脂包覆防腐技术的核心,含有性能优越的缓蚀组分,能够很好地阻止腐蚀性成分对钢结构的腐蚀,所以,本章选取经不同热处理后的四种试样作为研究对象,在相同的包覆防护条件下对是否仍有氢渗透的发生进行验证。

7.1.1　不同包覆防护条件下试样的制备

实验所用 AISI 4135 钢的成分和四种热处理方式同本书第 3 章,实验所用矿脂防蚀膏和矿脂防蚀带由侯保荣院士课题组提供。选取矿脂防蚀膏的用量为 $400g/m^2$,实验时应根据试样的具体面积进行计算,称量后在试样表面涂抹均匀。

实验所用试样包括试样表面有锈和无锈两种,其中,有锈试样通过在相同的条件下进行一定周期的喷淋实验制备。包覆防护条件包括以下三种方法,命名方法同第 5 章:①试样表面只涂抹矿脂防蚀膏——以 P1 命名;②试样表面涂抹矿脂防蚀膏和单层矿脂防蚀带——以 P2 命名;③试样表面涂抹矿脂防蚀膏和双层矿脂防蚀带——以 P3 命名。

将准备好的试样按照相应的包覆防护条件准备好，按照 6.1 节所述将实验装置准备好，实验时，使工作电极的镀镍侧在 0mV vs HgO/Hg/0.2mol/L NaOH 极化电位下测定电流变化，即钝化 24h 以上，使电流密度小于 100nA/cm²。室温下，将实验循环周期设定为两天，根据不同的喷淋间隔实验记录的氢渗透电流大小，得到氢渗透电流随时间的变化曲线，对氢渗透电流变化曲线下的面积进行积分，将其作为评价氢渗透强弱的指标。

7.1.2 生锈试样在不同包覆防护条件下的氢渗透行为

1. 包覆防护 P1 对氢渗透电流的影响

图 7-1 为喷淋间隔分别是 1min、10min、30min 的条件下，在生锈试样表面涂抹均匀的防蚀膏，氢渗透电流密度随时间的变化曲线图。

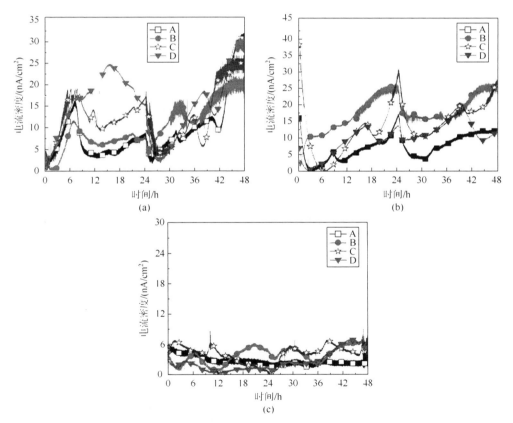

图 7-1 生锈试样在 P1 保护条件下不同喷淋间隔时的氢渗透电流密度变化曲线

（a）1min；（b）10min；（c）30min

　　矿脂防蚀膏选取矿物脂为原料，主要加入了缓蚀剂、稠化剂和其他助剂制备而成，能很好地黏附在试样表面，有很好的防腐蚀性能。由图可以看出，在不同的喷淋间隔条件下，涂抹矿脂防蚀膏后，四种试样的氢渗透电流都明显降低，说明矿脂防蚀膏起到了很好的保护作用。主要是因为矿脂防蚀膏中有复合防锈剂和锈转化剂，复合防锈剂是具有不对称结构的表面活性物质，其分子极性比水分子极性更强，与金属的亲和力比水大，可以将金属表面的水分子膜置换掉，从而减缓金属的腐蚀速率，起到防腐蚀作用。铁锈转化剂主要有单宁酸型和磷酸型两大类[335-339]，一般同时使用。试样表面有铁锈存在时，单宁酸可以与试样锈层中的铁离子发生作用生成一层不溶性的保护膜，单宁酸的存在还会抑制 γ-FeOOH 转化为 Fe_3O_4，使其转化为绝缘的螯合物单宁酸铁吸附在 γ-FeOOH 层上，而且铁锈转化剂磷酸也可与铁锈反应生成稳定的磷酸盐钝化膜，从而牢固地附着在金属表面，保护基体。由于单宁酸的存在不会阻止基体金属的腐蚀，仍会有腐蚀发生，在一定程度上减缓生锈试样的腐蚀速率，所以在 P1 保护下，仍有氢渗透电流的产生，但是电流波动比较大，这可能是因为在喷淋过程中，试样表面的矿脂防蚀膏会被海水冲击掉一部分，使试样表面变得不均匀，使得氢渗透电流密度波动较大，而且矿脂防蚀膏被海水冲击掉以后会使腐蚀介质更容易进入试样表面。由于试样表面锈层的存在，海水进入锈层后，会发生 Fe^{2+} 的水解反应；而且海水中的 Cl^- 可以穿透锈层，到达金属与锈层的界面处发生水解反应，具体反应如下：

$$Fe^{2+}+2H_2O \longrightarrow Fe(OH)_2+2H^+ \tag{7-1}$$

$$4Fe^{2+}+O_2+6H_2O \longrightarrow 4FeOOH+8H^+ \tag{7-2}$$

$$FeCl^++H_2O \longrightarrow FeOH^++H^++Cl^- \tag{7-3}$$

$$FeCl_2(aq)+H_2O \longrightarrow FeOH^++H^++2Cl^- \tag{7-4}$$

　　以上反应会使金属与锈层界面的 pH 降低，促进了氢的渗透，使氢渗透电流增大。

　　通过对不同频率下的氢渗透电流密度变化曲线进行积分计算氢渗透量，结果如表 7-1 所示。由表可知，在同一喷淋间隔下，不同热处理后的生锈试样在涂抹矿脂防蚀膏后的氢渗透量是不同的，但是与未保护的试样相比，氢渗透电流明显降低，常规处理的试样 B 和 C 氢渗透量较大，试样 A 和 D 的氢渗透量相对较小，由第 2 章的分析可知，这主要还是由于热处理后试样组织不同造成的；在不同喷淋间隔下，试样喷淋频率越高，试样的氢渗透量越大，这可能是因为随喷淋次数增多，试样表面的矿脂防蚀膏更容易被冲掉而且表面更不均匀，矿脂防蚀膏对基体的保护作用减弱，这在很大程度上促进了海水中 Cl^- 的渗透，使得 Cl^- 参与水解反应产生更多的 H^+，而且试样表面有锈存在，当水分子渗透矿脂防蚀膏进入到锈层中会使 Fe^{2+} 进一步氧化和水解，这些因素都会导致 pH 的下降，促进氢原子的渗透。

表 7-1　生锈试样在 P1 保护条件下不同喷淋间隔时的氢渗透量

试样	H$^+$/mol		
	1min	10min	30min
A	7.454×10^{-8}	6.233×10^{-8}	2.297×10^{-8}
B	16.76×10^{-8}	14.16×10^{-8}	5.863×10^{-8}
C	12.15×10^{-8}	10.89×10^{-8}	3.596×10^{-8}
D	8.925×10^{-8}	8.741×10^{-8}	3.198×10^{-8}

2. 包覆防护 P2 对氢渗透电流的影响

图 7-2 为喷淋间隔分别是 1min、10min、30min 的条件下，在生锈试样表面涂抹均匀的防蚀膏和包覆单层矿脂防蚀带，氢渗透电流密度随时间的变化曲线图。

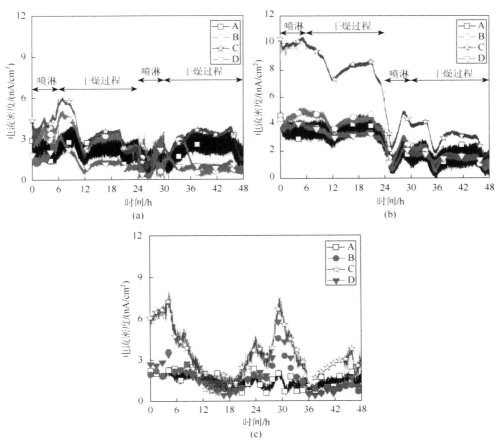

图 7-2　生锈试样在 P2 保护条件下不同喷淋间隔时的氢渗透电流密度变化曲线

（a）1min；（b）10min；（c）30min

由图中可以看出，氢渗透电流的波动明显减少而且氢渗透电流密度的最大值也明显降低，主要是因为：一方面，矿脂防蚀带中的防腐蚀成分和矿脂防蚀膏相似，所以能很好地与矿脂防蚀膏结合为一体，可以很好地与试样表面的锈层黏附在一起，包覆矿脂防蚀带后密封性和排水性更好，可以很好地隔绝氧气并阻挡海水的冲击及渗透，使矿脂防蚀膏可以起到很好的防蚀效果而且不会造成大的电流波动，使得腐蚀更难发生，起到了很好的防护作用；另一方面，矿脂防蚀带中也含有与矿脂防蚀膏相似的成分，使得防腐蚀组分含量比只涂抹矿脂防蚀膏时高，能更好地强化防蚀作用，起到更好的保护作用，但由于矿脂防蚀带与实验装置接触的地方不是完全密封，仍会有缝隙存在，这就会使部分海水深入到试样表面，在一定程度上促进了腐蚀的发生，尤其是 Cl^- 和 Fe^{2+} 的水解反应，使得试样表面的 pH 下降，促进 H 原子的渗透。

通过对不同频率下的氢渗透电流密度变化曲线进行积分计算氢渗透量，结果如表 7-2 所示。由表可知，与 P1 保护相比，P2 保护下的氢渗透量明显降低很多，能起到更好的保护作用，在同一喷淋间隔下，由于热处理后基体组织不同，使得常规处理的试样 B 和 C 氢渗透量较大，试样 A 和 D 的氢渗透量相对较小，在不同喷淋间隔下，试样喷淋频率越高，试样的氢渗透量越大。喷淋间隔对不同热处理的试样在氢渗透量的多少比较上与 P1 保护时是一致的。

表 7-2　生锈试样在 P2 保护条件下不同喷淋间隔时的氢渗透量

试样	H^+/mol		
	1min	10min	30min
A	2.134×10^{-8}	1.866×10^{-8}	1.223×10^{-8}
B	11.19×10^{-8}	5.235×10^{-8}	4.329×10^{-8}
C	7.846×10^{-8}	5.236×10^{-8}	2.883×10^{-8}
D	4.684×10^{-8}	2.160×10^{-8}	1.56×10^{-8}

3. 包覆防护 P3 对氢渗透电流的影响

图 7-3 为喷淋间隔分别是 1min、10min、30min 的条件下，在生锈试样表面涂抹均匀的防蚀膏和包覆双层矿脂防蚀带，氢渗透电流密度随时间的变化曲线图。

由图中可以很明显看出，氢渗透电流密度的最大值还不到 $10nA/cm^2$，而且电流波动明显减少。主要是因为包覆双层矿脂防蚀带后，密封性更好，虽然不能完全将海水与基体隔开，但矿脂防蚀带优异的排水性和较高的机械强度可以使其更好地防止海水冲击和外部腐蚀介质对基体的侵蚀，使内部的矿脂防蚀膏和基体得到更好的保护。

通过对不同频率下的氢渗透电流密度变化曲线进行积分计算氢渗透量，结果如表 7-3 所示。由表可知，在同一喷淋间隔下，经不同热处理的生锈试样在涂抹

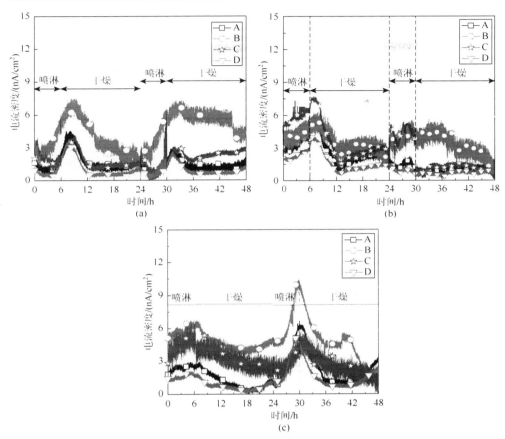

图 7-3　生锈试样在 P3 保护条件下不同喷淋间隔时的氢渗透电流密度变化曲线

（a）1min；（b）10min；（c）30min

表 7-3　生锈试样在 P3 保护条件下不同喷淋间隔时的氢渗透量

试样	H$^+$/mol		
	1min	10min	30min
A	1.588×10^{-8}	1.536×10^{-8}	1.281×10^{-8}
B	2.905×10^{-8}	4.267×10^{-8}	4.667×10^{-8}
C	1.750×10^{-8}	4.531×10^{-8}	2.426×10^{-8}
D	2.972×10^{-8}	2.028×10^{-8}	1.451×10^{-8}

矿脂防蚀膏后的氢渗透量是不同的，常规处理的试样 B 和 C 氢渗透量较大，试样 A 和 D 的氢渗透量相对较小；但不同喷淋间隔对包覆后试样的氢渗透电流密度变化影响不大，这也进一步说明包覆双层矿脂防蚀带后，由于其排水性能好，喷淋

后，矿脂防蚀带表面残留的海水就少，氯离子的浓度就明显减少，而且双层矿脂防蚀带更能有效地隔绝氧气，这些因素都能更好地阻止腐蚀的发生，起到了很好的防蚀保护作用，氢渗透电流也显著减小。

7.1.3　未生锈试样在不同包覆防护条件下的氢渗透行为

1. 包覆防护 P1 对氢渗透电流的影响

图 7-4 为不同喷淋间隔条件下，在未生锈试样表面涂抹均匀的防蚀膏，氢渗透电流密度随时间的变化曲线图。

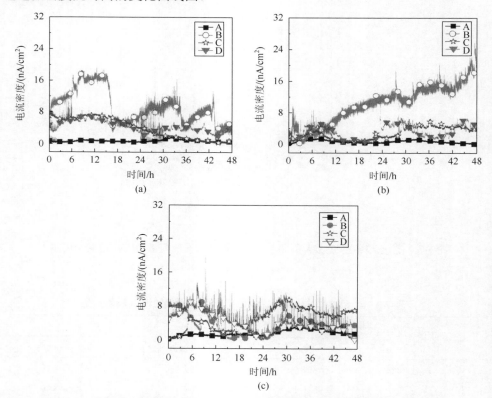

图 7-4　未生锈试样在 P1 保护条件下不同喷淋间隔时的氢渗透电流密度变化曲线
（a）1min；（b）10min；（c）30min

由图可以看出，与生锈试样相似，涂抹矿脂防蚀膏后，四种试样的氢渗透电流都明显降低，说明矿脂防蚀膏起到了很好的保护作用。主要是因为缓蚀剂成分中的复合防锈剂是含有不对称结构的表面活性物质，而且复合防锈剂的分子极性比水分子的极性强，与金属试样的亲和力比水好，会将金属表面的水分子膜置换掉，从而达到减缓金属腐蚀速率的效果；另外，复合防锈剂可以溶于基础油中，吸附并捕集腐蚀性物质，同时将其封存于胶束之中，使之不与金属接触，从而起到防腐蚀的作用。但是由于喷淋过程中，试样表面的矿脂防蚀膏会被海水冲击掉一部分，使试样表面变得不均匀，使得氢渗透电流密度波动较大，而且矿脂防蚀膏被海水冲击掉以后，没有矿脂防蚀膏和锈层的阻挡，海水会残留在试样表面，在腐蚀反应发生的同时，海水中 Cl$^-$的水解反应会导致 pH 下降；而且有锈生成后，Fe^{2+}的氧化和水解反应都会使试样表面 pH 下降，产生更多的 H$^+$，会促进吸附在试样表面的氢渗透到金属内部。

由表 7-4 的氢渗透量结果可知，在同一喷淋间隔下，经不同热处理后的基体组织不同使得试样 B 和 C 氢渗透量相对较大，试样 A 和 D 的氢渗透量相对较小；在不同喷淋间隔下，试样喷淋频率越高，试样的氢渗透量越大。这可能是因为随喷淋次数增多，试样表面的矿脂防蚀膏更容易被冲掉，使得复合防锈剂不能更好地发挥防蚀效果，而且试样表面溶解氧含量和 Cl$^-$浓度较高，使得有 Cl$^-$参与的水解反应产生更多的 H$^+$，促进试样表面 H 原子的渗透。

表 7-4　未生锈试样在 P1 保护条件下不同喷淋间隔的氢渗透量

试样	H$^+$/mol		
	1min	10min	30min
A	1.884×10^{-8}	0.855×10^{-8}	0.821×10^{-8}
B	13.47×10^{-8}	11.75×10^{-8}	6.404×10^{-8}
C	5.927×10^{-8}	5.090×10^{-8}	3.245×10^{-8}
D	4.927×10^{-8}	4.703×10^{-8}	3.600×10^{-8}

2. 包覆防护 P2 对氢渗透电流的影响

图 7-5 为喷淋间隔分别是 1min、10min、30min 的条件下，在未生锈试样表面涂抹均匀的防蚀膏和包覆单层矿脂防蚀带，氢渗透电流密度随时间的变化曲线图。

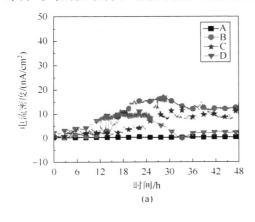
(a)

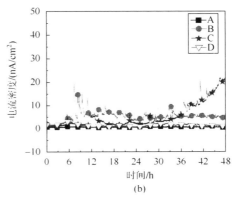
(b)

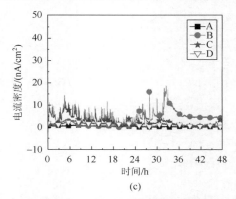

(c)

图 7-5　未生锈试样在 P2 保护条件下不同喷淋间隔时的氢渗透电流密度变化曲线

(a) 1min；(b) 10min；(c) 30min

由于矿脂防蚀带中的防腐蚀成分和矿脂防蚀膏相似，所以能很好地与矿脂防蚀膏结合为一体，可以很好地与试样表面黏附在一起，包覆矿脂防蚀带后密封性更好，可以很好地隔绝氧气和阻挡海水的冲击，抑制腐蚀反应的发生，而且矿脂防蚀带是由纤维布制作而成，纵横向排水性能好，可以很好地阻断海水渗入到基体，起到很好的防护作用。由图中可以看出，氢渗透电流的波动明显减少而且氢渗透电流密度也明显降低，另外，包覆矿脂防蚀带后，矿脂防蚀带中也含有与矿脂防蚀膏相似的成分，可以起到更好的强化防蚀作用。当有很少量的海水通过矿脂防蚀带与装置之间的空隙渗透到包覆层内部后，由于矿脂防蚀带和矿脂防蚀膏的阻挡及防蚀作用，渗透到基体表面的海水很少，试样表面 Cl⁻浓度低，水解反应产生的 H^+ 少；此外，由于试样表面没有锈层，而且包覆矿脂防蚀带后可以隔绝氧气，所以 Fe^{2+} 的氧化和水解反应产生的 H^+ 比生锈试样的要少，所以氢渗透量与生锈试样相比要小。

通过对不同频率下的氢渗透电流密度变化曲线进行积分计算氢渗透量，结果如表 7-5 所示。由表可知，在同一喷淋间隔下，经不同热处理的试样在涂抹矿脂防蚀膏后的氢渗透量还是试样 B 和 C 较大，试样 A 和 D 的氢渗透量相对较小；整体来看，不同的喷淋间隔会对试样的氢渗透量产生一定的影响，四种试样在喷淋间隔为 1min 时氢渗透量最大。

表 7-5　未生锈试样在 P2 保护条件下不同喷淋间隔的氢渗透量

试样	H^+/mol		
	1min	10min	30min
A	0.688×10^{-8}	0.474×10^{-8}	0.452×10^{-8}
B	10.97×10^{-8}	5.753×10^{-8}	4.113×10^{-8}
C	7.134×10^{-8}	5.756×10^{-8}	3.179×10^{-8}
D	5.653×10^{-8}	1.382×10^{-8}	1.668×10^{-8}

3. 包覆防护 P3 对氢渗透电流的影响

图 7-6 为不同喷淋间隔条件下，在未生锈试样表面涂抹均匀的防蚀膏和包覆双层矿脂防蚀带，氢渗透电流密度随时间的变化曲线图。

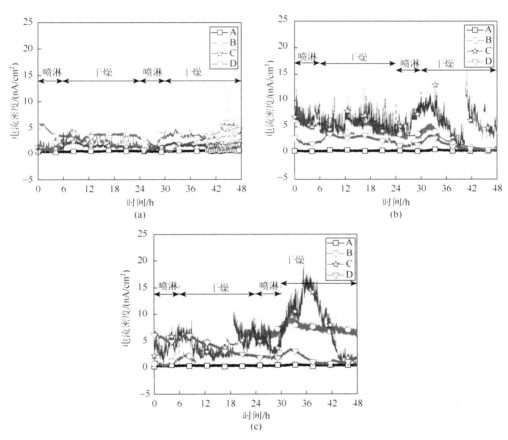

图 7-6　未生锈试样在 P3 保护条件下不同喷淋间隔时的氢渗透电流密度变化曲线
（a）1min；（b）10min；（c）30min

通过对不同频率下的氢渗透电流密度变化曲线进行积分计算氢渗透量，结果如表 7-6 所示。由图和表可知，双层包覆对氢渗透电流的影响是显而易见的，在同一喷淋间隔下，常规处理的试样 B 和 C 氢渗透量相对较大，试样 A 和 D 的氢渗透量相对较小；由于实验过程中海水的冲击作用使部分试样表面的矿脂防蚀带有脱落发生，使得不同喷淋间隔对包覆后试样的氢渗透电流密度变化影响不同，这也进一步说明包覆双层矿脂防蚀带后，由于其排水性能好，喷淋后，矿脂防蚀带表面残留的海水就少，氯离子的浓度就明显减少，而且双层矿脂防蚀带更能有效地隔绝氧气，这些因素不仅能更好地阻止腐蚀的发生，起到很好的防蚀保护作用；而且试样表面没有锈，就不会发生 Fe^{2+} 的氧化和水解反应，而产生更多的 H^+ 促进 H 原子的渗透。一旦矿脂防蚀带脱落，试样的氢渗透电流密度会明显增大。由试样 A 的结果不难看出，与 P1 和 P2 保护下的结果相比，P3 包覆防护的保护效果是最好的。

表 7-6　未生锈试样在 P3 保护条件下不同喷淋间隔的氢渗透量

试样	H^+/mol		
	1min	10min	30min
A	0.513×10^{-8}	0.453×10^{-8}	0.391×10^{-8}
B	3.333×10^{-8}	4.428×10^{-8}	5.825×10^{-8}
C	1.572×10^{-8}	6.595×10^{-8}	6.444×10^{-8}
D	3.172×10^{-8}	2.334×10^{-8}	3.369×10^{-8}

由以上结果对比分析可知，采用 P3 包覆防护条件可以起到更好的防蚀保护作用，而且在试样未生锈前进行 P3 包覆防护，能更有效地保护基体和矿脂防蚀膏，从而起到更好的防腐蚀效果。

7.2　包覆防护破损后的氢渗透行为

包覆防腐保护层破损后的氢渗透行为研究采用钻圆孔法和切割裂缝法两种模拟保护层的破损状态。在钝化实验开始前，按一定的量将试样表面均匀涂抹矿脂防蚀膏，然后包覆破损的双层矿脂防蚀带，圆孔状破损直径约为 0.5cm，裂缝状破损的长度约为 1cm。

7.2.1　圆孔状破损状态对氢渗透电流的影响

由不同频率下的氢渗透电流密度的变化曲线（图 7-7）可以看出，氢渗透电流基本变化不大，而且不同热处理方式的试样之间区别不大。通过表 7-7 氢渗透量的比较也可以看出，氢渗透量非常低，在破损状态下，喷淋频率对氢渗透电流的影响没有规律性。这可能是因为矿脂防蚀带局部破损后，喷淋的海水会进入双层矿脂防蚀带的夹层和矿脂防蚀带与矿脂防蚀膏之间，而且不容易挥发干燥，残余海水中的氯离子使得试样表面的氯离子含量增高，加速了 H 的渗透，但由于在每个试样包覆层之间的海水含量不同，使得各试样之间氢渗透电流密度的变化没有规律性。

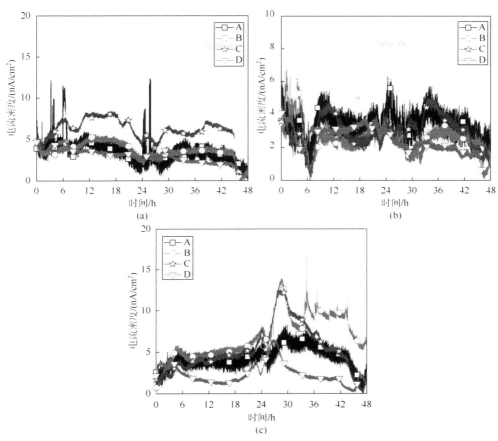

图 7-7　圆孔状破损状态下不同喷淋间隔时氢渗透电流密度变化曲线

（a）1min；（b）10min；（c）30min

表 7-7　试样在圆孔状破损状态下不同喷淋间隔的氢渗透量

试样	H⁺/mol		
	1min	10min	30min
A	2.993×10^{-8}	2.798×10^{-8}	3.648×10^{-8}
B	3.439×10^{-8}	2.476×10^{-8}	6.525×10^{-8}
C	5.239×10^{-8}	2.624×10^{-8}	4.586×10^{-8}
D	2.563×10^{-8}	2.177×10^{-8}	2.055×10^{-8}

7.2.2　裂缝状破损状态对氢渗透电流的影响

由不同频率下的氢渗透电流密度的变化曲线（图 7-8）可以看出，氢渗透电流基本变化不大，在破损状态下，与圆孔状破损状态结果相似，喷淋频率对氢渗透电流的影响没有规律性。通过表 7-8 氢渗透量的结果比较也可以看出，氢渗透量比圆孔破损状态下的氢渗透量有所降低，这可能是因为裂缝破损状态下破损面积比较小，与圆孔破损状态相比，进入到双层矿脂防蚀带的夹层和矿脂防蚀带与矿脂防蚀膏之间的海水会明显减少，这样渗透到基体表面的海水就很少，Cl⁻含量比较低，Cl⁻水解反应产生 H⁺，但也会在一定程度上促进 H 原子的渗透，使得氢渗透量与未破损前相比会有一定程度的增大，但并不明显，这也充分说明包覆防护对腐蚀有一定的抑制作用，但不能阻止氢渗透的发生。

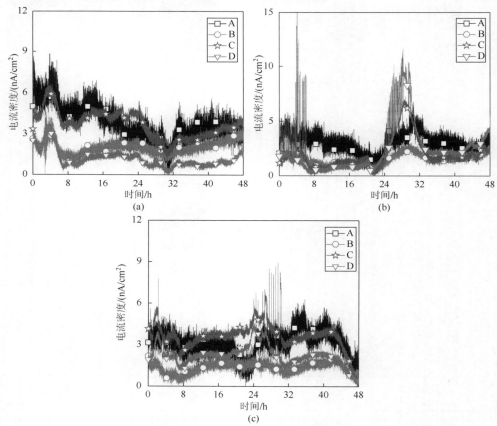

图 7-8　裂缝破损状态下不同喷淋间隔时氢渗透电流密度变化曲线

（a）1min；（b）10min；（c）30min

表 7-8　试样在裂缝破损状态下不同喷淋间隔的氢渗透量

试样	H⁺/mol		
	1min	10min	30min
A	1.282×10^{-8}	2.578×10^{-8}	2.647×10^{-8}
B	3.504×10^{-8}	1.444×10^{-8}	1.296×10^{-8}
C	1.796×10^{-8}	1.874×10^{-8}	3.201×10^{-8}
D	2.458×10^{-8}	2.010×10^{-8}	1.959×10^{-8}

不同热处理后的试样在包覆防护条件下氢渗透量明显减少，喷淋频率会对氢渗透电流密度的变化产生影响，但在 P3 包覆条件下，不同喷淋间隔对包覆后试样的氢渗透电流密度变化影响不大，这也进一步说明包覆双层矿脂防蚀带后，起到了很好的防蚀保护作用；在试样未生锈前进行 P3 包覆防护，能更有效地保护基体和矿脂防蚀膏，从而起到更好的防腐蚀效果；包覆防护层破损后，破损的比表面积不同会对氢渗透量产生不同的影响，但氢渗透量并没有明显增大。由以上分析可知，包覆防护条件下试样的氢渗透电流明显降低，但包覆防护不能阻止氢渗透的发生。

7.3 包覆防护对应力腐蚀开裂的抑制作用

图 7-9 表明了包覆保护对慢拉伸应力-应变曲线的影响。结果表明，在海水浪溅腐蚀条件下，被包覆的无腐蚀产物试样的断裂延伸率接近空气中试样的断裂延伸率。腐蚀后的试样包覆后其断裂延伸率也大于没有保护的试样。这些结果表明包覆防腐技术对降低应力腐蚀的危险性是非常有效的。

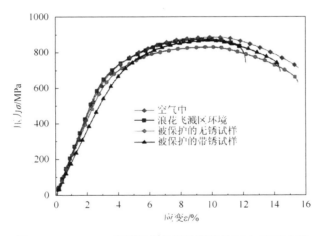

图 7-9 AISI 4135 钢不同条件下的慢拉伸应力-应变曲线

参 考 文 献

[1] 郝文魁. 海洋工程用 E690 高强钢薄液环境应力腐蚀行为及机理. 北京: 北京科技大学, 2014.

[2] 狄国标, 刘振宇, 郝利强, 等. 海洋平台用钢的生产现状及发展趋势. 机械工程材料, 2008, 32 (8): 1-3.

[3] 吴辉, 赵燕青, 李闯, 等. 690MPa 级海洋平台用钢的组织和性能. 金属热处理, 2010, 35 (9): 20-25.

[4] Kimura M, Kihira H, Ohta N. Control of Fe(OOH)$_6$ nanonetwork structures of rust for high atmospheric-corrosion resistance. Corrosion Science, 2005, 47 (10): 2499-2509.

[5] Yoshihide N, Hidenori F, Hajime I. YS500N/mm^2 high strength steel for off shore structures with good CTOD properties at welded joints. Nippon Steel Technical Report, 2004 (90): 14-19.

[6] 崔崑. 钢铁材料及有色金属材料. 北京: 机械工业出版社, 1981.

[7] 吴建宏. 35CrMo/GCr15 摩擦副摩擦磨损特性实验研究. 兰州: 兰州理工大学, 2013.

[8] 刘森. 35CrMo 合金钢激光送丝熔覆工艺研究. 武汉: 华中科技大学, 2011.

[9] 张瑛. 高速列车轴用 35CrMo 钢超厚壁无缝管的轧制及其质量分析. 重庆: 重庆大学, 2007.

[10] 王海瑞. 35CrMoA 钢亚温淬火强韧性研究. 焦作: 河南理工大学, 2010.

[11] 侯保荣. 海洋腐蚀环境理论及其应用. 北京: 科学出版社, 1999.

[12] Zhu X R, Huang G Q, Lin L Y, et al. Long term corrosion characteristics of metallic materials in marine environments. Corrosion Engineering Science and Technology, 2008, 43 (4): 328-334.

[13] 侯保荣. 钢铁设施在海洋浪花飞溅区的腐蚀行为及其新型包覆防护技术. 腐蚀与防护, 2007, 28 (4): 174-175, 187.

[14] 侯保荣. 海洋腐食環境と防食の科学. 东京: 海文堂出版株式会社, 1999.

[15] 侯保荣. 海洋腐蚀与防护. 北京: 科学出版社, 1997.

[16] Aghajani A. In situ corrosion protection of oil risers and offshore piles. Materials Performance, 2008, 47 (4): 38-42.

[17] Smith M, Bowley C, Williams L. In situ protection of splash zones - 30 years on Materials Performance, 2002, 41 (10): 30-33.

[18] 李光福, 吴忍耕, 雷廷权. 高强钢海洋环境应力腐蚀破裂敏感性的控制因素. 装备环境工程, 2004, 1 (2): 26-30.

[19] Li S J, Akiyama E, Uno N, et al. Evaluation of delayed fracture property of outdoor-exposed high strength AISI 4135 steels. Corrosion Science, 2010, 52 (10): 3198-3204.

[20] 刘道新, 何家文. 300M 超高强度钢的应力腐蚀开裂. 特殊钢, 1997, 18 (6): 20-23.

[21] Manolatos P, Jerome M, Duret-Thual C, et al. The electrochemical permeation of hydrogen in steels without palladium coating. 1. Interpretation difficulties. Corrosion Science, 1995,

44（11）：1773-1783.

[22] Li S J，Zhang Z G，Akiyama E ，et al. Evaluation of susceptibility of high strength steels to delayed fracture by using cyclic corrosion test and slow strain rate test. Corrosion Science，2010，52（5）：1660-1667.

[23] Li S J，Akiyama E，Yuuji K，et al. Hydrogen embrittlement property of a 1700-MPa-class ultrahigh-strength tempered martensitic steel. Science and Technology of Advanced Materials，2010，11：1-6.

[24] Akiyama E，Matsukado K，Li S J，et al. Constant-load delayed fracture test of atmospherically corroded high strength steels. Applied Surface Science，2011，257：8275-8281.

[25] 李光福，吴忍畊，雷廷权，等. 淬火温度对 42CrMo 高强度钢应力腐蚀断裂抗力的影响. 材料科学与工艺，1993，1（4）：17-20.

[26] 李会录，惠卫军，王燕斌，等. 高强钢应力腐蚀门槛值随强度的变化规律. 金属学报，2001，37（5）：512-516.

[27] Hirth J P. 1980 institute of metals lecture-the metallurgical society of AIME- effects of hydrogen on the properties of iron and steel. Metallurgical Transactions A，1980，11（6）：861-890.

[28] Katano G，Ueyama K，Mori M . Observation of hydrogen distribution in high-strength steel. Journal of Materials Science，2001，36（9）：2277-2286.

[29] Tsay L W，Chi M Y，Wu Y F，et al. Hydrogen embrittlement susceptibility and permeability of two ultra-high strength steels. Corrosion Science，2006，48（8）：1926-1938.

[30] Akiyama E，Matsukado K，Wang M Q，et al. Evaluation of hydrogen entry into high strength steel under atmospheric corrosion. Corrosion Science，2010，52：2758-2765.

[31] 林轻，杨兴林. 某型高强度螺栓断裂失效分析. 热加工工艺，2009，38（2）：128-130.

[32] 李金许，褚武扬. 环境断裂研究进展. 失效分析与预防，2006，1（2）：20-28.

[33] 侯保荣. 海洋环境中的腐蚀问题. 世界科技研究与发展，1998，20（4）：72-76.

[34] 曾华波. 船体钢海水全浸区腐蚀的室内模拟加速试验方法的研究. 长沙：湖南大学，2010.

[35] 赵永韬，赵常就. 冷却水腐蚀监测的发展概况. 四川化工与腐蚀控制，1998，6：28.

[36] 吴建华，赵永韬. 钢筋混凝土的腐蚀监测、检测. 腐蚀与防护，2003，24（10）：421.

[37] Bertocci U，Huet F. Noise analysis applied to electrochemical systems. Corrosion，1995，51（2）：131-144.

[38] Budevski E，Obretenov W，Bostanov W，et al. Noise analysis in metal deposition-expectstions and limits. Electrichimical Acta，1989，34（8）：1023-1029.

[39] 罗振华. 铝合金大气腐蚀室内加速试验研究. 天津：天津大学，2003.

[40] 程基伟，张琦. 材料腐蚀预测数学模型的研究. 航空学报，2000，21（2）：183-186.

[41] 梁彩凤，侯文泰. 碳钢和船体钢 8 年大气暴露腐蚀研究. 腐蚀科学与防护技术，1995，7（3）：183-186.

[42] Feliu S，Moecillo M，Feliu S Jr. The predietion of atmospherie corrosion from meteorological and pollution parameters- Ⅰ . Annual Corrosion. Corrosion Science，1993，34（3）：403-405.

[43] Syed S. Atmospheric corrosion of hot and cold rolled carbon steel under field exposure in Saudi Arabia. Corrosion Science，2008，50（6）：1779-1784.

[44] Rivero S, Chico B, Dela F D, et al. Atmospheric corrosion of low carbon steel in a polar marine environment: Study of the effect of wind regime. Revista De Metalurgia, 2007, 43 (5): 370-383.

[45] Mikhailov A, Strekalov P, Panchenko Y. Atmospheric corrosion of metals in regions of cold and extremely cold climate (a review). Protection of Metals, 2008, 44 (7): 644-659.

[46] 侯保荣. 腐蚀研究与防护技术 (第一版). 北京: 海洋出版社, 1998: 1-6.

[47] 李言涛, 侯保荣. 钢在不同海底沉积物中的腐蚀研究. 海洋与湖沼, 1997, 28 (2): 179-184.

[48] Watts F S. Splash zone corrosion of a piled structure in a marine environment evaluated by a statistical method. Anti-Corrosion Methods and Materials, 1974, 21 (3): 5-10.

[49] 黄桂桥, 郁春娟. 金属材料在海洋飞溅区的腐蚀. 腐蚀研究, 1999, 32 (2): 28-30.

[50] Lye R E. Splash zone protection on offshore platforms-A Norwegian operator's experience. Materials Performance, 2001, 40 (4): 40-45.

[51] 朱相荣, 黄桂桥. 钢在海洋飞溅带腐蚀行为探讨. 腐蚀科学与防护技术, 1995, 7 (3): 246-248.

[52] 朱相荣, 王相润, 黄桂桥. 钢在海洋飞溅带的腐蚀与防护. 海洋科学, 1995, (3): 23-26.

[53] Zhu X R, Huang G Q, Ling C F. Study on the corrosion peak of carbon steel in marine splash zone. Chinese Journal of Oceanology and Limnology, 1997, 15 (4): 378-380.

[54] Meng H, Hu X, Neville A. A systematic erosion-corrosion study of two stainless steels in marine conditions via experimental design. Wear, 2007, 263 (1-6): 355-362.

[55] Anwar Hossain K M, Easa S M, Lachemi M. Evaluation of the effect of marine salts on urban built in frastructure. Building and Environment, 2009, 44 (4): 713-722.

[56] Zhu X R, Huang G Q, Liang C F. Study on the corrosion peak of carbon steel in marine splash zone. Chinese Journal of Oceanology and Limnology, 1997, 15 (4): 378-380.

[57] Nishimura T, Katayama H, Noda K, et al. Electrochemical behavior of rust formed on carbon steel in a wet/dry environment containing chloride ions. Corrosion, 2000, 56 (9): 935-941.

[58] 陈惠玲, 陈淑慧, 魏雨. 3% NaCl 溶液中碳钢表面 Fe_3O_4 和 α-FeOOH 的形成机理. 材料保护, 2007, 40 (9): 20-21.

[59] 崔秀岭, 马巾华, 张陆, 等. 实海飞溅区低合金钢锈层分析 (摘要). 腐蚀科学与防护技术, 1995, 7 (3): 253-254.

[60] 崔秀岭, 王相润, 马巾华, 等. 飞溅区 15MnMoVN 钢锈层的研究. 钢铁研究学报, 1995, 7 (4): 43-49.

[61] 朱相荣. 海洋环境中铁锈的研究进展. 全面腐蚀控制, 1998, 12 (2): 4.

[62] 李言涛, 李延旭. 低合金钢在海洋各腐蚀区带的锈层研究. 海洋与湖沼, 1998, 29 (6): 651-655.

[63] Ramana K V S, Kaliappan S, Ramanathan N, et al. Characterization of rust phases formed on low carbon steel exposed to natural marine environment of Chennai harbour-South India, Materials and Corrosion, 2007, 58 (11): 873-880.

[64] Ishikawa T, Takeuchi K, Kandori K, et al. Transformation of γ-FeOOH to α-FeOOH in acidic solutions containing metal ions. Colloids and Surfaces A: Physicochemical and Engineering Aspects, 2005, 266 (1-3): 155-159.

[65] Ma Y T, Li Y, Wang F H. The effect of β-FeOOH on the corrosion behavior of low carbon steel exposed in tropic marine environment. Materials Chemistry and Physics, 2008, 112 (3): 844-852.

[66] Ishikawa T, Miyamoto S, Kandori K, et al. Influence of anions on the formation of β-FeOOH rusts. Corrosion Science, 2005, 47 (10): 2510-2520.

[67] Kamimura T, Nasu S, Segi T, et al. Influence of cations and anions on the formation of β-FeOOH. Corrosion Science, 2005, 47 (10): 2531-2542.

[68] 欧阳维真. 沉于海底的铁器文物腐蚀机理与脱氯技术的基础研究. 北京：北京化工大学, 2005.

[69] Larrabee C P. Corrosion-resistant experimental steels for marine applications. Corrosion, 1958, 14 (11): 21-24.

[70] 高村昭. 海水飛沫帯における の鋼の耐食性に及ぼす合金元素の影響. 防食技術, 1970, 19 (7): 18-15.

[71] 岡田秀弥, 内藤浩光, 崛田渉. 鋼の海水腐食における合金元素の影響. 日本鉄鋼協会第 85 回講演大会講演概要集, 鉄と鋼, 59: 125.

[72] Wang X T, Duan J Z, Zhang J, et al. Alloy elements effect on anti-corrosion performance of low alloy steels in different sea zones. Materials Letters, 2008, 62 (8-9): 1291-1293.

[73] 曹国良, 李国明, 陈珊, 等. 海水飞溅区 Ni-Cu-P 钢的锈层和耐点蚀性能研究, 金属学报, 2011, 47 (02): 145-151.

[74] Kwon S K, Suzuki S, Saito M, et al. Atomic-scale structure of beta-FeOOH containing chromium by anomalous X-ray scattering coupled with reverse Monte Carlo simulation, Corrosion Science, 2006, 48 (6): 1571-1584.

[75] Wang S T, Yang S W, Gao K W, et al. Corrosion behavior and corrosion products of a low-alloy weathering steel in Qingdao and Wanning. International Journal of Minerals, Metallurgy and Materials, 2009, 16 (1): 58-64.

[76] 卢振永. 氯盐腐蚀环境的人工模拟试验方法. 杭州：浙江大学, 2007.

[77] Tsuru T, Nishikata A, Wang J. Electrochemical studies on corrosion under a water film. Materials Science and Engineering: A, 1995, 198 (1-2): 161-168.

[78] Nishikata A, Yamashita Y, Katayama H, et al. An electrochemical impedance study on atmospheric corrosion of steels in a cyclic wet-dry condition. Corrosion Science, 1995, 37 (12): 2059-2069.

[79] 郭娟, 侯文涛, 许立坤, 等. 海洋干湿交替环境下电偶腐蚀及其研究方法进展. 装备环境工程, 2012, (05): 67-70.

[80] 侯保荣, 郭公玉, 马士德, 等. 海洋环境中海-气与海-泥交换界面区腐蚀与防护研究. 海洋科学, 1993, (02): 31-34.

[81] 侯保荣, 西方篤, 水流徹. 钢材在海水-海气变换界面区的腐蚀行为. 海洋与湖沼, 1995, (05): 514-519.

[82] 马燕燕, 许立坤, 王洪仁, 等. 锌合金牺牲阳极海水干湿交替条件下的电化学性能研究. 腐蚀与防护, 2007, (01): 9-12.

[83] 韩薇, 汪俊, 王振尧, 等. 碳钢与低合金钢耐大气腐蚀规律研究. 中国腐蚀与防护学报,

2004，24（3）：147-150.

[84] 陈新华，董俊华，韩恩厚，等. 干湿交替环境下 Cu、Mn 合金化对低合金钢腐蚀行为的影响. 材料保护，2007，40（10）：19-22.

[85] 朱立群，李敏伟，刘慧丛，等. 高强度钢表面镀锌. 镉层加速腐蚀试验研究. 航空学报，2006，27（2）：341-346.

[86] 陈赤龙，杨武. Y 射线辐照对 316 不锈钢在高温水中应力腐蚀破裂的影响. 腐蚀科学与防护技术，1997，9（1）：1-6.

[87] Tatsuma T，Saitoh S，Ohko Y，et al. TiO$_2$-WO$_3$ Photo-eleetro-chemical anticorrosion system with an energy storage ability. Chemistry of Materials，2001，（13）：2838-2842.

[88] 曾振欧，周民杰，钟理，等. 纳米 TiO$_2$/SnO$_2$ 涂层的制备与光阴极保护性能. 华南理工大学学报（自然科学版），2009，37（6）：1-6.

[89] 田月娥，袁艺，邹莹. 海洋环境对厘米波隐身涂层的影响规律. 装备环境工程，2006，3（3）：86-88.

[90] 文伟，张三平，倪晓雪，等. 环氧胶在亚热带湿润性气候中的老化行为研究. 装备环境工程，2008，5（3）：9-11.

[91] 肖葵，董超芳，李晓刚，等. NaCl 颗粒沉积对 Q235 钢早期大气腐蚀的影响. 中国腐蚀与防护学报，2006，26（11）：26-30.

[92] 何建新，秦晓洲. Q235 钢海洋大气腐蚀暴露试验研究. 表面技术，2006，35（4）：21-23.

[93] Sun S Q，Zheng Q F，Li D F，et al. Long-term atmospheric corrosion behavior of aluminium alloys 2024 and 7075 in urban coastal and industrial environments. Corrosion Science，2009，51（47）：719-727.

[94] Pohjanne P，Carpén L，Hakkarainen T，et al. A method to predict pitting corrosion of stainless steels in evaporative conditions. Journal of Constructional Steel Research，2008，64（11）：1325-1331.

[95] 梁彩凤，侯文泰. 钢的大气腐蚀预测. 中国腐蚀与防护学报，2006，126（13）：129-135.

[96] 吕国诚，许淳淳，程海东. 304 不锈钢应力腐蚀的临界氯离子浓度. 化工进展，2008，27（8）：1284-1287.

[97] Poelman M，Olivier M G，Gayarre N，et al. Electrochemical study of different ageing tests for the evaluation of a cataphoretic epoxy primer on aluminium. Progress in Organic Coatings. 2005，54：55-62.

[98] 杜荣归，刘玉，林昌健. 氯离子对钢筋腐蚀机理的影响及其研究进展. 材料保护，2006，39（6）：45-50.

[99] 刘文军，王军强. 氯离子对钢筋混凝土结构的侵蚀分析. 混凝土，2007，（4）：20-22.

[100] Haruyama，Hirayara R，Haruyama S. Electrochemical impedance for degraded coated steel having Pores. Corrosion，1991，47（12）：952-958.

[101] Nunez L，Reguera E，Corvo F，et al. Corrosion of copper in seawater and its aerosols in a tropical island. Corrosion Science，2005，47（2）：461-484.

[102] 朱相荣，黄桂桥，林乐耘，等. 金属材料长周期海水腐蚀规律研究. 中国腐蚀与防护学报，2005，125（13）：142-148.

[103] 王佳，孟洁，唐晓，等. 深海环境钢材腐蚀行为评价技术. 中国腐蚀与防护学报，2007，

27（1）：1-7.

[104] 孔德英，宋诗哲. 人工神经网络技术探讨碳钢、低合金钢的实海腐蚀规律. 中国腐蚀与防护学报，1998，18（4）：259-296.

[105] 朱相荣，黄桂桥. 海水腐蚀性的双因素环境评价法. 海洋科学，2003，27（1）：67-68.

[106] 刘学庆. 海洋环境工程钢材腐蚀行为与预测模型的研究. 青岛：中国科学院海洋研究所，2004.

[107] 黄桂桥. 合金元素对钢在海水飞溅区腐蚀的影响. 腐蚀与防护，2001，22（12）：511-516.

[108] 黄桂桥. 不锈钢在海水飞溅区的腐蚀行为. 中国腐蚀与防护学报，2002，22（4）：211-216.

[109] Tinnea R，Ostbo B. Evaluating the corrosion protection of a nuclear submarine drydock. Corrosion，2008.

[110] Szokolik A. Splash zone protection：A review of 20 years' experience in bass strait. The Journal of Protective Coatings & Linings，1989，6（12）：46-55.

[111] Tadokoro Y，Nagatani T，Yoshida K，et al. Development of techniques for corrosion protection of steel structures for very long service using titanium. Nippon Steel Technical Report，No.54，1992：17-26.

[112] Kodama T. Enhanced durability of structural steels in marine environment. NRIM Research Activities（Japan），1999：49-51.

[113] Kain R M. Evaluating material resistance to marine environments: some favorite experiments in review. Corrosion nacexpo 2006 61st Annual Conference & Exposition. 2006. San Diego，CA；USA：NACE International.

[114] Szokolik A. Protecting splash zones of offshore platforms. Protective Coatings Europe（USA），2000，5（12）：32-38.

[115] 黄桂桥. 合金元素对钢在海水飞溅区腐蚀的影响. 腐蚀与防护，2001，22（12）：511-513，516.

[116] 夏兰廷，黄桂桥，丁路平. 碳钢及低合金钢的海水腐蚀性能. 铸造设备与工艺，2002，4：14-17.

[117] Hou B R，Li Y T，Li Y X，et al. Effect of alloy elements on the anti-corrosion properties of low alloy steel. Bulletin of Materials Science，2000，23（3）：189-192.

[118] Harris G M，Lorenz A. New coatings for the corrosion protection of steel pipelines and pilings in severely aggressive environments. International Conference to Mark the 20th Anniversary of the UMIST Corrosion-and-Protection-Centre：Advances in Corrosion and Protection. 1992. Manchester，United Kingdom：Pergamon-Elsevier Science Ltd.

[119] John R C，Van Hooff W. Improved corrosion control by coating in the splash zone and subsea. Mater. Perform，1989，28（1）：41-43.

[120] Peters D T，Michels H T，Powell C A. Metallic coatings for corrosion control of marine structures. International Workshop on Corrosion Control for Marine Structures and Pipelines. 9-11 Feb. 1999：189-220. Galveston，TX，USA.

[121] Jones B L，Sansum A J. Review of protective coating systems for pipe and structures in splash zones in hostile environments. Corrosion Management，1996，（14）：9-14.

[122] Anon. Protecting splash zones of offshore platforms. Journal of Protective Coatings and

Linings，2000，17（12）：32-38.

[123] 黄彦良. 一种浪花飞溅区钢铁设施腐蚀防护方法：中国，2004-02-25.

[124] 戴永寿. 海洋钢结构物浪溅区和潮差区的腐蚀与防护. 材料保护，1981，（2）：2-14.

[125] 顾正贤，陈树深. 海运码头钢管桩在潮差区和飞溅区的防护技术. 腐蚀与防护，2002，23（3）：119-120，123.

[126] Leng D L. Zinc mesh cathodic protection systems. Materials Performance，2000，39（8）：28-33.

[127] NACE. 海上钢质固定石油生产构筑物腐蚀控制的推荐做法，2003.

[128] 张立新. 表面工程应用实例[例13]重腐蚀涂层防护技术在海洋设备及埋地管道上的应用. 中国表面工程，2009，22（6）：F0002.

[129] Greenwood-Sole G，Watkinson C J. New glassflake coating technology for offshore applications. Corrosion 2004，NACE International，Houston.

[130] 姜秀杰，崔显林，王志超，等. 海洋浪溅区钢结构超厚膜环氧涂料. 上海涂料，2010，48（1）：12-14.

[131] Hou B R，Zhang J，Duan J Z，et al. Corrosion of thermally sprayed zinc and aluminium coatings in simulated splash and tidal zone conditions. Corrosion Engineering Science and Technology，2003，38（2）：157-160.

[132] 邵怀启，韩文礼，王雪莹，等. 海洋飞溅区钢结构的腐蚀规律与防护措施. 腐蚀与防护，2008，29（11）：646-649.

[133] 侯保荣. 海洋环境腐蚀规律及控制技术. 科学与管理，2004，24（5）：7-8.

[134] Suzuki Y，Doi K，Kyuno T，et al. Study of corrosion-protection technologies in splash and tidal zones. Tokyo：Springer-Verlag，1985.

[135] Powell C，Michels D H. Review of splash zone corrosion and biofouling of c70600 sheathed steel during 20 years exposure.

[136] Copper-Nickel Cladding for Offshore Structure. [cited 2010 4-1]. http：//www. copperinfo. co. uk/alloys/copper-nickel/.

[137] 侯保荣. 海洋钢结构浪花飞溅区腐蚀控制技术. 北京：科学出版社，2011.

[138] 李冰.（金属-氢）体系的高压研究. 长春：吉林大学，2011.

[139] Rajan N I，Howard W P. Mechanism and kinetics of electrochemical hydrogen entry and degradation of metallic systems. Annu. Rev. Mater. Sci，1990，20（1）：299-338.

[140] Staehle R W. Fundamental aspects of stress corrosion cracking：Proceedings of conference. National Association of Corrosion Engineers，1969，32-50.

[141] 李秀艳，李依依. 奥氏体合金的氢损伤. 北京：科学出版社，2003.

[142] Thompson A W，Bernstein I M. Enhanced transportation of hydrogen by dislocations in aluminium alloys//Fontana M G，Staehle R W，eds. Advances in Corrosion Science and Technology，Plenum，New York，1980，7：53-175.

[143] 傅献彩，沈文霞，姚天扬，等. 物理化学（第五版）下册. 北京：高等教育出版社，2006，122-124.

[144] Springer T. Investigation of metal-hydrogen systems by means of neutron scattering. Zeitschrift fur Physikalische Chemie，1979，115（2）：141-163.

[145] Skold K，Crawford K，Chen S. Inverted geometry TOF spectrometer at the ZING-P pulsed

neutron source prototype. Nuclear Instruments and Methods，1977，145（1）：115-117.

[146] Schober H，Stoneham A. Diffusion of hydrogen in transition metals. Journal of the Less Common Metals，1991，172：538-547.

[147] Lin R W，Johnson H. Diffusion of light interstitials through nonuniformly distributed traps. Acta Metallurgica，1982，30（9）：1819-1828.

[148] Boes N，Zuchner H. Electrochemical methods for studying diffusion，permeation and solubility of hydrogen in metals. Journal of the Less Common Metals，1976，49：223-240.

[149] 张利，印仁和，孙占梅. 测氢扩散系数的电化学交流法研究. 电化学，2002，8（3）：348-351.

[150] Morrison H. A pressure oscillation method of studying gas diffusion in solids. Journal of Nuclear Materials，1978，69：578-580.

[151] Devanathan M，Stachurski Z. The adsorption and diffusion of electrolytic hydrogen in palladium. Proceedings of the royal society，1962，270A：90-102.

[152] Turnbull A. Standardisation of hydrogen permeation measurement by the electrochemical technique. Hydrogen Transport and Cracking in Metals National Physical Laboratory，Cambridge：The University Press，1995.

[153] Kumar P，Balasubramaniam R. Determination of hydrogen diffusivity in austenitic stainless steels by subscale microhardness profiling. Journal of Alloys and Compounds，1997，255（1-2）：130-134.

[154] Ansari N，Balasubramaniam R. Determination of hydrogen diffusivity in nickel by subsurface micro-hardness profiling. Materials Science and Engineering：A，2000，293（1）：292-295.

[155] 李荣. 循环伏安法测定氢在贮氢合金中的扩散系数. 重庆师范大学学报：自然科学版，2004，21（4）：40-42.

[156] 赵东江，马松艳. 循环伏安法测定氢在 MI $Ni_{3.7}$-$MnAl_{0.3}$ 贮氢合金中的扩散系数. 哈尔滨师范大学自然科学学报，2000，16（6）：84-86.

[157] 华丽. 回火脆化 2.25Qr-lMo 钢氢脆性能的研究. 上海：华东理工大学，2006.

[158] 褚武扬. 氢损伤和滞后断裂. 北京：冶金工业出版社，1988.

[159] Nishiue T，Kaneno Y，Inoue H，et al. The effect of lattice defects on hydrogen thermal desorption of cathodically charged Co_3Ti. Intermetallics，2003，11（8）：817-823.

[160] Nishiue T，Kaneno Y，Inoue H，et al. Thermal hydrogen desorption behavior of cathodically charged Ni_3（Si，Ti）alloys. Journal of Alloys and Compounds，2004，364（1-2）：214-220.

[161] Zakroczymski T. Adaptation of the electrochemical permeation technique for studying entry，transport and trapping of hydrogen in metals. Electrode Processes Selection of Papers from the International Conference，September 15，2004 - September 18，2004. Szczyrk，Poland：Elsevier Ltd，2006：2261-2266.

[162] Kiuchi K，McLellan R B. The solubility and diffusivity of hydrogen in well-annealed and deformed iron. Acta Metallurgica，1983，31（7）：961-984.

[163] Oriani R A. Diffusion and trapping of hydrogen in steel. Acta Metallurgica，1970，18（1）：147-157.

[164] Turnbull A，Carroll M W，Ferriss D H. Analysis of hydrogen diffusion and trapping in a 13% chromium martensitic stainless steel. Acta Metallurgica，1989，37（7）：2039-2046.

[165] 常庆刚. 氢在 20g 纯净钢中的扩散研究. 上海金属，2010，32（6）：35-38.

[166] Woodtli J. Engineering Damage due to hydrogen embrittlement and stress corrosion cracking. Failure Analysis，2000，7（9）：427.

[167] Victoria Biezma M. The role of hydrogen in microbiologically influenced corrosion and stress corrosion cracking. International Journal of Hydrogen Energy，2001，26（5）：515-520.

[168] Oriani R A，Josephic P H. Equilibrium aspects of Hydrogen-induced cracking of steels. Acta Metallurgical，1974，22：1065.

[169] 卢志明，朱建新，高增梁. 16MnR 钢在湿硫化氢环境中的应力腐蚀开裂敏感性研究. 腐蚀科学与防护技术，2007，19（6）：410-413.

[170] Ju P，Don J，Rigsbee J M. Mater. Sci. Eng. 1986，77：115.

[171] Senkov O N，Jones J H，Froes F J. Recent advances in the thermohydrogen processing of titanium alloys. J Metals，1996，48（7）：4.

[172] 褚武扬，肖纪美，李世琼. 钢中氢致裂纹机构研究. 金属学报，1981，17（1）：10-17.

[173] Perng T，Johnson M，Altstetter C. Hydrogen permeation through coated and uncoated waspaloy. Metallurgical Transactions A，1988，19（5）：1187-1192.

[174] 陈廉，徐永波，尹万全. 钢中白点断口的显微空隙与台阶花样. 金属学报，1978，14（3）：253-256.

[175] Petch N，Stabls P. Delayed Fracture of Metals under Static Load. Nature，1952，169（4307）：842-843.

[176] Yoshino K，McMahon C. The cooperative relation between temper embrittlement and hydrogen embrittlement in a high strength steel. Metallurgical Transactions B，1974，5（2）：363-370.

[177] Oriani R. Stress corrosion cracking and hydrogen embrittlement of iron base alloys. National Association of Corrosion Engineers，1977：351.

[178] 褚武扬，李世琼，肖纪美. 高强度钢水介质应力腐蚀研究. 金属学报，1980，16（2）：179-189.

[179] Chu W Y，Liu T H，Hsiao C M，et al. Mechanism of stress corrosion cracking of low alloy steel in water. Corrosion，1981，37（6）：320-327.

[180] 褚武扬，王核力，马若涛，等. 奥氏体不锈钢应力腐蚀和氢致开裂的机理. 金属学报，1985，21（1）：86-94.

[181] 刘猛. 热浸镀钢材在海水中的氢渗透行为和脆性研究. 青岛：中国科学院海洋研究所，2008.

[182] Devanathan M A V，Stachurski Z，Beck W. A technique for the evaluation of hydrogen embrittlement characteristics of electroplating baths. Journal of the Electrochemical Society，1963，110（8）：886-890.

[183] Rokuro N，Daisuke S，Yasuaki M. Hydrogen permeation and corrosion behavior of high strength steel MCM 430 in cyclic wet-dry SO_2 environment. Corrosion Science，2004，46（1）：225-243.

[184] Tazhibaeva I L，Klepikov A K，Romanenko O G，et al. Hydrogen permeation through steels and alloys with different protective coatings. Fusion Engineering and Design，2000，51-52：199-205.

[185] 张学元，杜元龙，郑立群. 16Mn 钢在 H_2S 溶液中的脆断敏感性. 材料保护，1998，31（1）：3-5.

[186] Huang Y L，Nakajima A，Nishikata A，et al. Effect of mechanical deformation on permeation of hydrogen in iron. ISIJ international，2003，43（4）：548-554.

[187] 郑文龙，于青. 钢的环境敏感断裂. 北京：化学工业出版社，1988：167-171.

[188] Kane R D. Slow strain rate testing-25years experience，slow strain rate testing for the evaluation of environmentally induced cracking：research and engineering applications. Case Studies，1993：7-21.

[189] Parkins R N. Stress corrosion cracking-slow strain rate technique. American Society for Testing and Materials，1979：5-25.

[190] Payer J，Berry W，Boyd W. Stress corrosion cracking-slow strain rate technique. American Society for Testing and Materials，1979，5：61-77.

[191] Schofied，Michael J，Bradshaw，et al. Stress corrosion cracking of duplex stainless steel weldments in sour conditions. Materials Performance，1996，35（4）：65-70.

[192] Meyn D，Pao P. Slow strain rate testing for the evaluation of environmentally induced cracking：Research and engineering applications. Case Studies，1993：158-169.

[193] Erilsson H，Berhandsson S. Applicability of duplex stainless steels in Sour environments. Corrosion，1991，47（9）：719-727.

[194] Beavers J，Koch G. Slow strain rate testing for the evaluation of environmentally induced cracking：Research and engineering applications. Case Studies，1993：22-39.

[195] Kane R，Wilhelm S. Status of standardization activities on slow strain rate testing techniques，slow strain rate testing for the evaluation of Environmentally induced cracking：Research and engineering applications. Case Studies，1993：40-47.

[196] Zhang X Y，Du Y L. Relationship between susceptibility to embrittlement and hydrogen permeation current for UNS G10190 steel in 5%NaCI solution containing H_2S. British Corrosion Journal，1998，33（4）：292-296.

[197] Ahluwalia，Harklrat S. Slow strain rate testing for the evaluation of environmentally induced cracking：research and engineering applications. Case Studies，1993：225-239.

[198] Ikeda，Akio，Ueda，et al. Hiroshi. Slow strain rate testing for the evaluation of environmentally induced craeking：research and engineering applications. Case Studies，1993：240-262.

[199] Muizhnek I A. Accelerated corrosion cracking tests of steels in Active-passive loading. Soviet Materials Science，1990，26（2）：168-171.

[200] Payer J，Berry W，Parkins R. Application of slow strain-rate technique to stress corrosion cracking of piping steel，Stress corrosion cracking：Slow strain rate technique. American Society for Testing and Materials，1979：222-234.

[201] Wang J，Atrens A，Cousense D，et al. Microstructure of X52 and X65 pipeline steels. Journal of Materials Science，1999，34（8）：1721-1728.

[202] Kushida T，Nose K，Asahi H. Effects of metallurgical factors and test conditions on near neutral pH SCC of pipeline steels. Corrosion，2001：No.1213.

[203] Kermanidis A T，Stamatelos D G，Labeas G N，et al. Tensile behaviour of corroded and hydrogen embrittled 2024 T351 aluminum alloy specimen. Theoretical and Applied Fracture Mechanics，2006，45（2）：148-158.

[204] 刘白. 30CrMnSiA 高强度钢氢脆断裂机理研究. 机械材料工程, 2001, 25 (9): 18-21.

[205] Jayalakshmi S, Kim K B, Fleury E. Effect of hydrogenation on the structural, thermal and mechanical properties of Zr50-Ni27-Nb18-Co5 amorphous alloy. Journal of Alloys and Compounds, 2006, 417 (1-2): 195-202.

[206] 王毛球, 董瀚. 氢对高强度钢缺口拉伸强度的影响. 材料热处理学, 2006, 27 (4): 57-60.

[207] Beloglazov S M. Peculiarity of hydrogen distribution in steel by cathodic charging. Journal of Alloys and Compounds, 2003, 356-357: 240-243.

[208] Tsuru T, Huang Y L, Ali M R, et al. Hydrogen entry into steel during atmospheric corrosion process. Corrosion Science, 2005, 47 (10): 2431-2440.

[209] Tsai W T, Chou S L. Environmentally assisted cracking behavior of duplex stainless steel in concentrated sodium chloride solution. Corrosion Science, 2000, 42 (10): 1741-1762.

[210] 余刚, 赵亮, 张学元, 等. 16MnR 钢硫化氢腐蚀与氢渗透规律的研究. 湖南大学学报 (自然科学版), 2004, 31 (3): 5-9.

[211] Prakash U, Parvathavarthini N, Dayal R. K. Effect of composition on hydrogen permeation in Fe-Al alloys. Intermetallics, 2007, 15 (1): 17-19.

[212] Brass A M, Chene J. Influence of tensile straining on the permeation of hydrogen in low alloy Cr-Mo steels. Corrosion Science, 2006, 48 (2): 481-497.

[213] Uhlig H, Sava J. The effect of heat treatment on stress corrosion cracking of iron and mild steel. Transactions of ASM, 1963, 56: 361-376.

[214] 邹妍. 海水中锈层覆盖碳钢的腐蚀电化学行为研究. 青岛: 中国海洋大学, 2010: 5-7.

[215] 曹楚南. 腐蚀电化学原理 (3 版). 北京: 化学工业出版社, 2010.

[216] 魏云鹤, 主沉浮, 于萍, 等. 暂态线性极化技术研究 Galfan 与 Galvalume 的耐蚀性能. 材料工程, 2003, (7): 17-19.

[217] 张胜寒, 杨妮, 张秀丽. 恒电流充电曲线法的发展及其应用. 华北电力技术, 2010, 1: 31-33.

[218] 宋光铃, 曹楚南. 腐蚀电极恒电位阶跃暂态过程的多元线性回归分析. 中国腐蚀与防护学报, 1994, 14 (1): 31-36.

[219] 周海晖, 赵常就. 恒电量法快速评价气相缓蚀剂的研究. 中国腐蚀与防护学报, 1995, 15 (4): 291-295.

[220] 黄彦良, 曹楚南, 吕明, 等. 指数律衰减电流极化电位响应的解析及其在测定金属的瞬时腐蚀速率方面的应用. 腐蚀科学与防护技术, 1992, 4 (4): 264-269.

[221] 刘继慧. 利用电化学噪声与交流阻抗测试方法研究防腐涂层的性能. 哈尔滨: 哈尔滨工业大学, 2008, 2-16.

[222] Iverson W P. Transient voltage changes produced in corroding metals and alloys. Electroehem Soc, 1968, 115 (6): 617-618.

[223] 张鉴清, 张昭, 王健明, 等. 电化学噪声的分析与应用 I-电化学噪声的分析原理. 中国腐蚀防护学报, 2001, 21 (5): 310-320.

[224] L. 科恩. 时-频分析理论与应用. 白居宪译. 西安: 西安交通大学出版社, 1998: 3-5.

[225] 阎鸿森, 王新风, 田惠生. 信号与线性系统. 西安: 西安交通大学出版社, 1998: 8-11.

[226] Lacoss R T. Data adaptive spectral analysis methods. Geo Physics, 1971, 36: 661-675.

[227] 宣爱国. 电化学噪声测试技术. 武汉化工学院学报, 2003, 25 (2): 20-22.

[228] Cottis R A. Interpretation of electrochemical noise data. Corrosion，1998，57（3）：265-285.

[229] Cottis R，Turgoose R S. Electrochemical impedance and noise，corrosion testing made easy. NACE International. Houston. Corrosion，1997：581-586.

[230] Bertocci U，Huet F. Noise resistence applied to corrosion measurements. Electrochem Soc，1997，144（8）：2786-2793.

[231] Goellner J ，Burkert，Heyn A，et al. Elektroehemisches rauschen bei der korrosion. Corrosion，1999，55（5）：476-492.

[232] Devanathan M A V，Stachurski Z. The mechanism of hydrogen evolution on iron in acid solutions by determination of permeation rates. Journal of Electrochemical Society，1964，111：619-623.

[233] Fincher D R，Nestle A C. New developments in monitoring corrosion control. Material Performance，1973，12（7）：17-22.

[234] 李勇峰. 氢在钢中的渗透特性及镀层阻氢渗透机理的研究. 上海：华东理工大学，2012.

[235] 欧阳跃军. 氢在钢中的扩散与氢渗透传感器的研究. 长沙：湖南大学，2013.

[236] Holzinger M，Maier J，Sitte W. Potentiometric detection of complex gases：Application to CO_2. Solid State Ionics，1997，94（1）：217-225.

[237] Qu W J，Huang Y L，Yu X M，et al. Effect of petrolatum tape cover on the hydrogen permeation of AISI 4135 steel under marine splash zone conditions，International Journal of Electrochemical Science，2015，10（7）：5892-5904.

[238] Iyer R N，Pickering H W，Zamanzadeh M. Analysis of hydrogen evolution and entry into metals for the discharge-recombination process. Journal of the Electrochemical Society，1989，136（9）：2463-2470.

[239] Yu G，Zhang X Y，Du Y L. Research surveys of electrochemical sensors for in-situ determining hydrogen in steels. Journal of Material Science and Technology，2000，16（3）：305-310.

[240] Yu G，Zhang X Y，Du Y L. Mobile hydrogen monitoring in the wall of hydrogen-ation reactor. Corrosion，2001，57（1）：71-77.

[241] 余刚，赵亮，叶立元，等. 三镍电极氢传感器. 化学通报，2003，66：109.

[242] Ando M. Recent advances in optochemical sensors for the detection of H_2，O_2，O_3，CO，CO_2 and H_2O in air. TRAC Trends in Analytical Chemistry，2006，25：937-948.

[243] Wilson D M，Hoyt S，Janata J，et al. Chemical sensors for portable. Handheld Field Instruments IEEE Sensors Journal，2002，1（4）：256-274.

[244] Janata J，Josowicz M，Vanysek P，et al. Chemical sensors. Analytical Chemistry，1998，70（12）：179-208.

[245] Ishihara T，Matsubara S. Capacitive type gas sensors. Journal of Electroceramics，1998，2（4）：215- 228.

[246] Lundstrom I，Sundgren H，Winquist F，et al. Twenty-five years of field effect gas sensor research in Link ping. Lloyd-Spetz A. Sensors and Actuators，B，2007，121：247-262.

[247] Aroutiounian V. Based on YSZ solid electrolyte sensors for hydrogen setups and cells. Hydrogen Energy，2007，32：1145-1158.

[248] Christofides C，Mandelis A. Solid—state sensors for trace hydrogen gas detection. Journal of

applied physics，1990，68（6）：1-30.

[249] Limoges B，Degrand C，Brossier P. Redox cationic or procationic labeled drugs detected at a perfluorosulfonated ionomer film-coated electrode. Journal of Electroanalytical Chemistry，1996，402（1）：175-187.

[250] Shi M，Anson F C. Effects of hydration on the resistances and electrochemical responses of nafioncoatings on electrodes. Journal of Electroanalytical Chemistry，1996，415（1）：41-46.

[251] Brett C. Electrochemical sensors for environmental monitoring. Strategy and examples. Pure and applied chemistry，2001，73（12）：1969-1977.

[252] Weppner W. Solid-state electrochemical gas sensors. Sensors and Actuators，1987，12（2）：107- 119.

[253] Stetter J R，Li J. Amperometric gas sensorss a review. Chemical Reviews，2008，108（2）：352-366.

[254] Opekar F，Stul K K，Crit. Amperometric Solid-State Gas Sensors：Materials for Their Active Components. Analytical Chemistry，2002，32（3）：253-259.

[255] Alberti G，Palombari R，Pierri F. Use of NiO，anodically doped with Ni（III），as reference electrode for gas sensors based on proton conductors. Solid State Ionics，1997，97（1）：359-364.

[256] Knake R，Jacquinot P，Hodgson A W E，et al. Amperometric sensing in the gas-phase. Analytica Chimica Acta，2005，549（1）：1-9.

[257] Hodgson A W E，Jacquinot P，Jordan L R，et al. Amperometric gas sensors of high sensitivity. Electroanalysis，1999，11（10-11）：782-787.

[258] Kulesza P J，Cox J A. Solid-state voltammetry analytical prospects. Electroanalysis，1998，10（2）：73-80.

[259] Ishihara T，Fukuyama M，Dutta A，et al. Solid state amperometric hydrocarbon sensor for monitoring exhaust gas using oxygen pumping current. Journal of the Electrochemical Society，2003，150（10）：241-245.

[260] Lu X，Wu S，Wang L，et al. Solid-state amperometric hydrogen sensor based on polymer electrolyte membrane fuel cell. Sensors and Actuators B，2005，107（2）：812-817.

[261] Sakthivel M，Weppner W. Development of a hydrogen sensor based on solid polymer electrolyte membranes. Sensors and Actuators B，2006，113（2）：998-1004.

[262] Inaba T，Saji K，Takahashi H. Limiting current-type gas sensor using a high temperature-type proton conductor thin film. Electrochemistry，1999，67（1）：458-462.

[263] Yamakawa. A new electrochemical hydrogen sensor. ASTM，STP908，1986：221-236.

[264] Deluccia J J，Bermn D A. Electrochemical Corrosion Testing，ASTM STP727. Florian M，Ugo B，Eds. A symposium sponsored by ASTM Committee G-1 on Corrosion of Metals. American Society for Testing and Materials，1981：256. San Francisco，21-23 May 1979.

[265] Robinson M J，Hudson D R J. 50D carbon-manganese steel. British Corrosion Journal，1990，25（4）：279-284.

[266] French E C，Hurst M J. Corrosion. Texas：NACE Houston，1980：47.

[267] 杜元龙. 管线钢硫化物应力腐蚀开裂敏感性探测仪：中国，90106449，1994-04-15.

[268] Cheng Y F，Du Y L. Development of an electrochemical probe for monitoring hydrogen-

induced cracking susceptibility of boiler pipe in pickling. British Corrosion Journal，1997，32（3）：206.

[269] 杜元龙. 海洋平台节点氢致裂危险性探测仪：中国，89105157，1993-05-27.

[270] Ando S，Yamakawa K. 11th International Corrosion Congress，ASM，Florence，Italy，1990，4（4）：241-249.

[271] Nishimura R，Toba K，Yamakawa K. The development of a ceramic sensor for the prediction of hydrogen attack. Corrosion science，1996，38（4）：611-621.

[272] 杜元龙. 钢结构外置式 SSCC/HE 敏感性在线无损检测技术：中国，95111971，1995-04-28.

[273] 黄彦良，于青，郑传波. 一种海洋大气腐蚀环境监测传感器及监测方法：中国，200610134445. 4，2008-6-4.

[274] Bonanos N. Oxide-based protonic conductors：Point defects and transport properties. Solid State Ionics，2001，145（1）：65-274.

[275] Bobacka J. Conducting polymer-based solid-state ion-selective electrodes. Electroanalysis，2006，18（1）：7-18.

[276] Zawodzinski T A，Springer T E，Uribe F，et al. Characterization of polymer electrolytes for fuel cell applications. Solid State Ionics，1993，60（1）：199-211.

[277] Opekar F. An amperometric solid-state sensor for nitrogen dioxide based on a solid polymer electrolyte. Electroanalysis，1992，4（2）：133-137.

[278] Yan H，Liu C. Humidity effects on the stability of a solid polymer electrolyte oxygen sensor. Sensors and Actuators B，1993，10（2）：133-136.

[279] Rosini S，Siebert E. Electrochemical sensors for detection of hydrogen in air：model of the non-Nernstian potentiometric response of platinum gas diffusion electrodes. Electrochimica Acta，2005，50（14）：2943-2953.

[280] Bouchet R，Siebert E. Proton conduction in acid doped polybenzimidazole. Solid State Ionics，1999，118（3）：287-299.

[281] Vork F T A，Janssen L J J，Barendrecht E. Oxidation of hydrogen at platinu-polypyrrole electrodes. Electrochimica Acta，1986，31（12）：1569-1575.

[282] Ramesh C，Velayutham G，Murugesan N，et al. An improved polymer electrolyte-based amperometric hydrogen sensor. Journal of Solid State Electrochemistry，2003，7（8）：511-516.

[283] Ollison W M，Penrose W M，Stetter J R. Sensitive measurement of ozone using amperometric gas sensors. Analytica Chimica Acta，1995，313（3）：209-219.

[284] Bouchet R，Siebert E，Vitter G. Polybenzimidazole-based hydrogen sensors II. Effect of the Electrode Preparation. Journal of Electrochemical Society，2000，147（9）：3548-3551.

[285] Opekar F，Langmaier J，Samec Z. Indicator and reference platinum|solid polymer electrolyte electrodes for a simple solid-state amperometric hydrogen sensor. Journal of Electroanalytical Chemistry，1994，379（1）：301-306.

[286] Alberti G，Casciola M. Solid state protonic conductors，present main applications and future prospects. Solid State Ionics，2001，145（1）：3-16.

[287] Zosel J，Schiffel G，Gerlach F，et al. Electrode materials for potentiometric hydrogen sensors. Solid State Ionics，2006，177（26）：2301-2304.

[288] Miura N, Yamazoe N. Development of new chemical sensors based on low-temperature proton conductors. Solid State Ionics, 1992, 53 (2): 975-982.

[289] Kleperis J, Bayars G, Vaivars G, et al. Solid electrolytes in sensor technology. Soviet Electrochemistry, 1992, 28 (6): 1181-1190.

[290] Kumar R V, Fray D J. Development of solid-state hydrogen sensors. Sensors and Actuators, 1988, 15 (2): 185-191.

[291] Maffei N, Kuriakose A K. A hydrogen sensor based on a hydrogen ion conducting solid electrolyte. Sensors and Actuators B: Chemical, 1999, 56 (3): 243-246.

[292] Treglazov I, Leonova L, Dobrovolsky Y, et al. Electrocatalytic effects in gas sensors based on low-temperature superprotonics. Sensors and Actuators B, 2005, 106 (1): 164-169.

[293] Chehab S F, Canaday J D, Kuriakose A K, et al. A hydrogen sensor based on bonded hydronium nasicon. Solid State Ionics, 1991, 45 (3): 299-310.

[294] Ponomareva V G, Lavrova G V, Hairetdinov E F. Hydrogen sensor based on antimonium pentoxide-phosphoric acid solid electrolyte. Sensors and Actuators B: Chemical, 1997, 40(2): 95-98.

[295] Sundmacher K, Rihko-Struckmann L K, Galvita V. Solid electrolyte membrane reactors: Status and trends. Catalysis Today, 2005, 104 (2): 185-199.

[296] Jacobs A, Vangrunderbeek J, Beckers H, et al. Hydrogen measuring probe for coal gasification processes. Fuel Processing Technology, 1993, 36 (1): 251-258.

[297] Sakthivel M, Weppner W. Application of layered perovskite type proton conducting $KCa_2Nb_3O_{10}$ in H_2 sensors: Pt particle size and temperature dependence. Sensors and actuators B, Chemical, 2007, 125 (2): 435-440.

[298] Tomita A, Namekata Y, Nagao M, et al. Room-Temperature Hydrogen Sensors Based on an $In3^{+}$-Doped SnP_2O_7 Proton Conductor. Journal of Electrochemical Society, 2007, 154 (5): 172-176.

[299] Chao Y, Yao S, Buttner W J, et al. Amperometric sensor for selective and stable hydrogen measurement. Sensors and Actuators B: Chemical, 2005, 106 (2): 784-790.

[300] Maffei N, Kuriakose A K. A solid-state potentiometric sensor for hydrogen detection in air. Sensors and Actuators B, 2004, 98 (1): 73-76.

[301] Roh S, Stetter J R. Gold film amperometric sensors for NO and NO_2. Journal of Electrochemical Society, 2003, 150 (11): 272-278.

[302] Levchuk D, Koch F, Maier H, et al. Gas-driven deuterium permeation through Al_2O_3 coated samples. International Topical Conference on Hydrogen in Condensed Matter, June 25, 2003-June 28, 2003, Helsinki, Finland: Institute of Physics Publishing, 2004: 119-123.

[303] Veeraraghavan B, Kim H, Haran B, et al. Comparison of mechanical, corrosion, and hydrogen permeation properties of electroless Ni-Zn-P alloys with electrolytic Zn-Ni and Cd coatings. Corrosion, 2003, 59: 1003-1011.

[304] 刘兴剑, 杜家驹. 超高真空气相氢渗透系统的研制. 真空科学与技术, 1996, 16 (6): 409-414.

[305] Levchuk D, Koch F, Maier H, et al. Deuterium permeation through Eurofer and α-alumina

coated eurofer. Journal of Nuclear Materials，2004，328（2-3）：103-106.

[306] 孙秀魁，徐坚，刘宝昌. 超高真空气相氢渗透装置的研制与应用. 真空科学与技术. 1986，6（6）：32-37，50.

[307] 邓柏权，杜家驹. 氢在不锈钢及氧化铬膜复合体中的稳态渗透实验. 核聚变与等离子体物理，1994，14（4）：39-46.

[308] Shestakov V，Pisarev A，Sobolev V，et al. Gas driven deuterium permeation through F82H martensitic steel. Journal of Nuclear Materials，2002，s307-311（3）：1494-1497.

[309] Pisarev A，Shestakov V，Kulsartov S，et al. Surface effects in diffusion measurements：Deuterium permeation through martensitic steel. 5th International Workshop on Hydrogen Isotopes in Solids，May 17，2000 - May 19，2000，Stockholm，Sweden：Royal Swedish Academy of Sciences，2001：121-127.

[310] 李凌峰. 不锈钢表面 A1203 膜的制备及其对氢渗透的影响. 上海：上海大学，2003.

[311] Muhlratzer A，Zelinger H，Esser H G. Development of protective coatings to reduce hydrogen and tritium permeation. Nuclear Technology（United States），1984，66（3）：570-577.

[312] 宋文海，杜家驹. 陶瓷-金属复合体系氢同位素渗透模型. 核聚变与等离子体物理. 1998，18（3）：9-17.

[313] Krom A，Bakker A. Hydrogen trapping models in steel. Metallurgical and Materials，Transactions B，2000，31（6）：1475-1482.

[314] Oriani R. Hydrogen degradation of ferrous alloys. New Jersey：Noyes Publications，1985.

[315] Rosales N M. Hydrogen transport behavior and phase decomposition of AISI-321 austenitic stainless steel via cathodic polarization. M. S.：University of Puerto Rico，2007.

[316] Chen J M，Wu J K. Hydrogen diffusion through copper-plated AISI 4140 steels. Corrosion Science，1992，33（5）：657-666.

[317] Louthan M R，Derrick R G. Hydrogen transport in austenitic stainless steel. Corrosion Science. 1975，15（6）：565-577.

[318] A staff report. Marine corrosion findings at kure beach reviewed for editors. Chemical and Engineering News Archive，1994，27（26）：1867.

[319] Kazuaki Z. Corrosion and life cycle management of port structures. Corrosion Science，2005，47（10）：2353-2360.

[320] 戴永寿. 国外港工和海工钢结构物潮差段和浪花飞溅区的防腐设计研究及施工方法. 水道港口，1981，（Z1）：33-53

[321] 刘薇，王佳. 浪花飞溅区环境对材料腐蚀行为影响的研究进展. 中国腐蚀与防护学报，2010，30（6）：504-512.

[322] 化学工业部化工机械研究院. 腐蚀与防护手册：腐蚀理论、试验及监测. 北京：化学工业出版社，1989.

[323] 曹楚南，张鉴清. 电化学阻抗谱导论. 北京：科学出版社，2002.

[324] Yu Q，Huang Y L，Zheng C. Hydrogen permeation and corrosion behavior of high strength steel 35CrMo under cyclic wet-dry conditions. Corrosion Engineering，Science and Technology，2008，（43）：241-247.

[325] 杨洲，黄彦良，霍春勇，等. 管线钢在含 H_2S 的 NaCl 溶液中氢渗透行为的研究. 腐蚀科

学与防护技术，2005，17（5）：317-319.

[326] Omura T. Hydrogen entry and its effect on delayed fracture susceptibility of high strength steel bolts under atmospheric corrosion. ISIJ International，2012，52（2）：267-273.

[327] Kushida T. Hydrogen entry into steel by atmospheric corrosion. ISIJ International，2003，43（4）：470-474.

[328] Yi G，Zheng C. Hydrogen permeation through X56 pipeline steel in atmospheric environment and its implication on SCC. International Journal of Electrochemical Science，2012，7（11）：10633 -10643.

[329] Huang Y，Zhu Y. Hydrogen ion reduction in the process of iron rusting. Corrosion Science，2005，47（6）：1545-1554.

[330] Li S，Akiyama E，Shinohara T，et al. Hydrogen entry behavior into iron and steel under atmospheric corrosion. ISIJ International，2013，（53）：1062-1069.

[331] Omura T，Kudo T，Fujimoto S. Environmental factors affecting hydrogen entry into high strength steel due to atmospheric corrosion. Materials Transactions，2006，47（12）：2956-2962.

[332] Wei B M. Metal Corrosion Theory and Application 1st edn，Chap. 1. 2008，Beijing：Chemical industry press，2008.

[333] Carneir R A，Ratnapuli R C，Lins V D. The influence of chemical composition and microstructure of API linepipe steels on hydrogen induced cracking and sulfide stress corrosion cracking. Materials Science and Engineering A，2003，357（1）：104-110.

[334] Lucio-Garcia M A，Gonzalez-Rodriguez J G，Casales M，et al. Effect of heat treatment on H$_2$S corrosion of a micro-alloyed C-Mn steel. Corrosion Science，2009，51（10）：2380-2386.

[335] 赵建龙，衣守志，丁涛. 环保型铁锈转化剂的制备及其性能. 材料保护，2013，（01）：25-27.

[336] 杨万国，丁国清，杨海洋，等. 2 种铁锈转化底漆的性能研究. 现代涂料与涂装，2011，（11）：11-13.

[337] 李振华，范细秋，余永群. 铁锈转化剂防锈机理研究. 涂装与电镀，2009，（04）：19-20.

[338] 顾宝珊，纪晓春，张启富，等. PS-02 铁锈转化剂的研制. 材料保护，1999，（12）：19-20.

[339] 陈恕华. 专利文献中的铁锈转化剂 13 例. 电镀与涂饰，1994，（02）：62-63.